정말 쉬운
수학책
4
도형

[읽다 보면 어느새 수학의 도사가 되는]

살림Math

수학에 한 맺힌 학생들을 위하여

인간은 원래 이야기 만드는 것을 좋아하지요. 어린 꼬마들에게 호기심을 자극하면서 권선징악의 교훈을 주는 전래동화, 인간 심리를 묘사하는 교훈적인 이솝 이야기, 하늘을 붕붕 날아다니는 환상의 동화 등이 그 증거이지요. 하지만 어린아이들만 이야기를 좋아하는 것은 아닙니다. 어른들도 소설을 쓰고 영화와 드라마를 만드는데, 이런 행위들은 모든 사람이 이야기를 좋아한다는 증거랍니다. 이 책은 그러한 이야기의 힘을 빌려 쓰여졌어요. 수업 시간에 선생님들이 양념 삼아 들려주는 재미있는 에피소드는 머릿속에 쏙쏙 입력하면서도 x, y가 나오면 그만 고개를 돌리고 마는 학생들을 위해 이야기를 시작한 것이지요.

숫자와 문자가 비빔밥처럼 버무려진 수학 교과서! 심지어 군림

하는 수학의 권위와 위력에 마치 능멸당하는 기분이 든다는 학생들도 있네요. 수학의 권위에 무기력함을 느끼고 '수학＝어려운 과목＝재미없는 과목'으로 이해하는 청소년들이 많은 것이 현실이지요. 그런데 왜 무기력하게 되었을까요? 초등학교 때는 그런대로 잘하던 수학이었는데 말이지요. 문자의 등장에 그만 정나미가 떨어졌다고요? 초등학교 때의 도형이 중학교에 와서 기하로 변신하니까 더욱 입맛이 없어졌다고요? 결국 수학이 재미없어서 못하게 되었고, 못하니까 하기 싫어졌고, 하기 싫으니까 더욱 재미없어지는 악순환이 반복되는 것이지요.

이 악순환의 고리를 끊을 수 있도록 여러분을 수학의 새로운 세계로 초대하고자 합니다. 바로 수식이 아니라 '이야기', 즉 스토리텔링으로 기하의 세계를 탐험하는 거죠. 고대 문명의 발생지 이집트의 이야기를 시작으로 기하의 내용이 우리 생활과 동떨어진 것이 결코 아니라는 것을 깨닫게 도울 생각이랍니다. 이 일을 시작하게 된 이유는 바로 필자의 딸에게 있어요. 그 아이는 수학 공부를 좀 하다 보면 머리에 쥐가 나고 속이 답답해져서 시원한 음료수를 마셔야 하고, 중간 중간에 큰 볼륨으로 발라드, 록,

CCM 등 장르를 불문하고 음악을 들어야 하는 부류의 청소년이거든요. 그 아이를 보면서 수학에 한이 맺힌 아이들을 구원(?)하고자 하는 소명과 사명을 느꼈기 때문이지요.

1장에서는 이집트의 측량을 시작으로 피라미드에 숨어 있는 기하학의 비밀과 생활 속에서 수학을 발달시킨 메소포타미아 수학을 살펴봅니다.

2장은 학문의 이름으로 철학과 수학을 자리매김한 나라인 고대 그리스의 수학과 중학교 교과서 내용을 스토리텔링으로 쉽게 풀어 보았습니다.

3장은 삼각형의 내심과 외심, 무게중심을 색종이 접기로 설명하였고, 남녀 걸음걸이의 차이에서 삼각형의 성질을 발견하는 등 흥미로운 예시들을 제시했습니다. 게다가 요즘 리더십과 경영 전략으로 새롭게 주목되고 있는 세종대왕의 한글 창제까지 연관시켰지요. 한글과 수학이 어떤 관계가 있느냐고요? 그 비밀은 조선시대의 퍼즐이었던 칠교판에 있답니다. 훈민정음과 칠교판에 대한 새로운 가설은 분명 여러분의 호기심을 자극할 거예요.

4장은 도형의 다양한 활용을 생활과 밀접한 이야기로 풀어냈습니다. 맛있는 피자는 물론이고 꽁치와 도미까지 등장한답니다. 생선이 왜 도형과 관련이 있냐고요? 우리 주변의 사물을 기하의 도형이란 프리즘으로 바라보면 어떤 사물이든 기하학의 도구로 다시 태어날 테니 선생님을 믿어 보세요.

자, 딱딱한 도형과 수식을 재미있는 이야기로 재발견할 준비가 되었나요? 그럼 이제 편안한 마음으로 선생님이 들려주는 이야기 속으로 빠져 봅시다~!

청소년들을 위한 시리즈를 기획하신 살림출판사 강심호 국장님, 배주영 팀장님과 원고 독촉의 악역을 맡으셨던 정수진 선생님께 감사의 말씀을 드립니다.

오륙도 앞바다가 보이는 봉래산 연구실에서

– 계영희

차례

읽다보면 어느새 수학의 도사가 되는 **정말 쉬운 수학책 4**

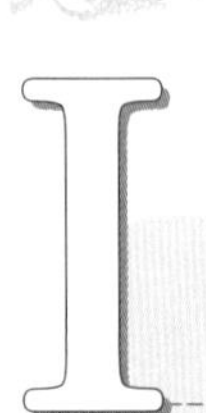

I 도형의 시작

II 도형, 제대로 알기

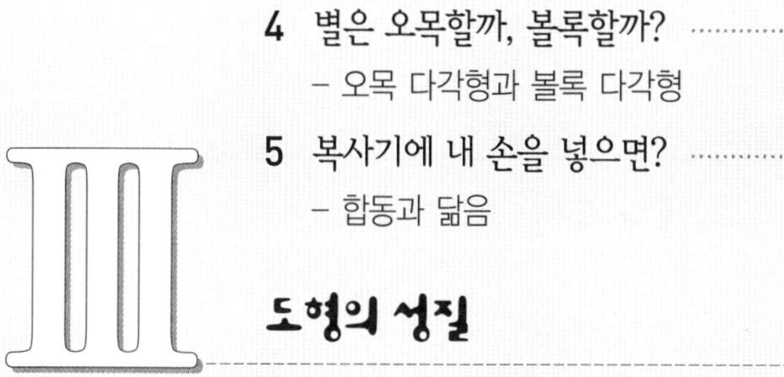

III 도형의 성질

차례

I 도형의 시작

I 꿀타래를 만들던 대장금의 노하우는 바로 수학!

어린아이들이 가장 좋아하는 음식을 꼽으라면 얼마 전까지만 해도 단연 1위의 자리는 자장면이었다. 요즘에야 떡볶이와 피자, 햄버거에 밀려서 1위의 자리는 내주었지만 여전히 인기 있는 음식임에는 틀림이 없다. 헌데 자장면도 자장면 나름이라고 손 자장면 또는 수타 자장면이란 광고를 내걸은 중국집에 들어가서 먹어 보면 일반 중국집보다 더 맛이 있다. 노하우는 바로 면발에 있다. 그렇다면 손으로 만든 자장면이 기계로 만든 것보다 더 맛있는 이유는 무엇일까? 물과 밀가루를 섞은 후, 반죽한 밀가루 덩어리를 손으로 잡아 늘여 국수발을 만든 후에, 다시 반으로 접어 반죽대 위에다 내려치고, 또 반으로 접어서 내려치는 동작을 반복 또 반복하면서 땀을 흘리는 수작업으로 완성한 것이기 때문이다.

자고로 면발은 많이 내려칠수록 맛있다고 하지 않는가.

쫄깃쫄깃한 면발이 감자와 양파가 녹아든 춘장으로 버무려졌을 때 특유의 자장면이 그 진미를 발휘한다. 어휴! 벌써 침을 꼴깍 삼키는 친구들이 있을 것 같다. 자! 샘이 군침 도는 자장면 이야기를 왜 하겠는가? 여기에도 수학의 원리가 숨어 있기 때문이다.

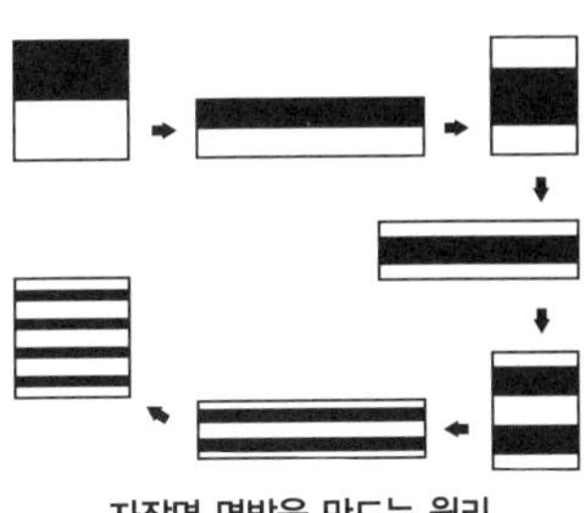
자장면 면발을 만드는 원리

반죽을 가느다란 국수 가락으로 만들기 위해서는 늘였다가 접고, 다시 길게 늘였다가 접는 과정을 통해 반죽이 잘 섞이게 해야 한다는 것은 이미 말했었지? 반죽된 밀가루 입자들을 자세히 들여다보면 가까이 있던 것이 멀어지기도 하고, 또 반대로 멀리 있던 것이 다시 가까워져 있기도 할 것이다.

이러한 상태를 수학적으로 해석한 수학자는 미국 버클리 대학의 스메일 교수이다. 그는 이와 같은 자장면 반죽을 '말굽의 편자'라고 불렀는데, 어려운 수학 용어로 말하면 프랙탈의 원리이기도 하고 또 카오스의 이론이기도 하다. 스메일 교수는 수학의 노벨상이라고 불리는 '필즈상' 수상자이다.

앞서 언급한 국수와 자장면은 우리 모두 알다시피, 서민들의 대표적 음식이다. 하지만 놀랍게도 프랙탈 원리와 카오스 이론은 먼 옛날 임금님이 드시던 우리 궁중 음식에서도 찾아볼 수 있다. 바로 임금님께서 식사 후에 드셨던 꿀타래 속에서다. 꿀타래는 궁중다과로 몇 년 전에는 인사동 네거리에서만 시범을 보이더니 요즘은 부산역에서도, 민속촌에서도 가끔 구경할 수가 있다. 꿀과 엿기름을 섞어서 일주일간 숙성을 시킨 후에 그것들을 반죽한 덩어리를 손으로 계속 이등분하고 합하였다가 또 이등분하는 동작을 반복하는 것이다. 결국 마지막에 16,000가닥쯤 되면 그 모습이 마치 누에고치를 둘러싼 가느다란 명주실처럼 보인다. 그 자체만으로도 입에 넣으면 사르르 녹으며 고소한 맛이 일품인데, 마무리로 꿀타래 속에 아몬드나 땅콩 고명까지 넣기 때문에 그 고소함이 배가 된다. 녹두빛과 보랏빛의 예쁜 색상이 나는 것도 있는데 그것은 녹차가루와 포도즙을 넣었기 때문이라고 한다. 자, 그 맛과 종류에 대한 설명은 이 정도만 하기로 하고 다시 수학적인 접근으로 돌아가 보자.

건장한 남자들이 시범을 보이면서 꿀타래에 16,000가닥이 돌돌 감겨 있다고 홍보를 하는데, 모두 몇 번의 동작을 하면 16,000가닥이 만들어질까? 자장면의 면발의 원리와 같다. 생각보다 그리 오랜 시간이 걸리지는 않는다. 7이 행운의 숫자니까 7부터 계산을 해볼까? 가닥을 이등분하고 합치는 행동을 7번 반복하면 $2^7=128$가닥, 8번 하면 $2^8=256$가닥, 9번 하면 $2^9=512$가닥, 10번 하면 $2^{10}=1024$가닥이 되었다. 헥헥헥. 숨이 점점 차오르지만 아직 끝나지 않았다. 조금만 더 해 보자. 11번 하면 $2^{11}=2048$가닥, 12번 하면 $2^{12}=4096$가닥, 13번 하면 $2^{13}=8192$가닥, 14번 하면 $2^{14}=16384$가닥이 된다. 만세!!! 14번의 손동작 끝에 임금님 수라상에 올릴 궁중다과를 만들었던 대장금을 상상할 수 있는가?

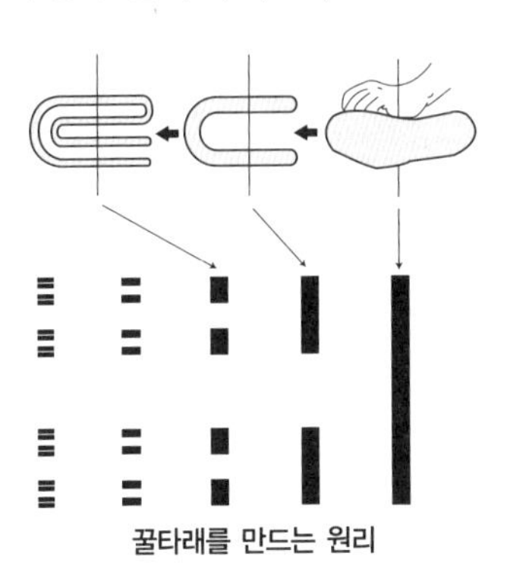
꿀타래를 만드는 원리

1 태양은 원, 지평선은 직선

–이집트의 측량술

인류가 처음 이 땅에 살기 시작했을 때 맨 처음 인식한 도형은 무엇이었을까? 어떤 이들은 지구 역사의 출발점을 '혼돈과 공허와 흑암이었다' 라고 말하기도 하고, 어떤 이들은 '태초에 소리가 있었다' 라고도 한다. 기하학의 여행을 떠나는 우리는 무엇이라고 말해야 좋을까? 인지 능력이 생기기 시작했을 때 인간이 처음 깨달은 도형은 멀리 지평선에서 떠오르는 빨갛고 동그란 태양이었을 것이다. 어둑어둑한 저녁에 환한 모습으로 뜨는 보름달과 주기적으로 변하는 달 모양도 물론 그중 하나였을 것 같다.

그렇게 인간은 직선과 원을 가장 기본적인 도형으로 생각했을 가능성이 크다. 동서양을 막론하고 인간은 본능적으로 하늘은 원으로, 땅은 네모난 도형으로 생각해 왔다. 왜 그랬을까? 필자의 추측으로는 하늘에서 떠오르는 태양과 달을 보고서 하늘은 자연스럽게 동그란 원으로 생각하고, 땅은 사각형으로 생각하지 않았나 싶다. 땅을 사각형으로 생각한 이유는 사람이 두 팔을 벌리고 서면 몸통을 기준으로 오른팔과 왼팔의 두 방향이 생기고, 앞으로 갈 수 있는 방향과 뒤로 돌아서서 갈 수 있는 방향이 생기므로 모두 네 방향을 가진다고 본 것이다. 물론 어디까지나 필자의 추측이다.

도형을 말하자면 무엇보다도 이집트의 선물, 나일 강을 빼놓을 수 없다. 바로 고대 이집트에서 기하학이 시작되었기 때문이다. 성경에서는 이집트를 '애굽'이라 하는데 애굽이란 '검은 땅'이라는 뜻이다. 나일 강은 매년 6월부터 우기가 시작되어 물이 불어나 10월이면 절정에 달해 홍수를 일으켰다. 적도 부근에 있는 나일 강 유역은 더운 밀림 지역으로, 범람이 매년 규칙적이기 때문에 그 지역 사람들은 우리 조상들처럼 애타게 비를 기다리면서 기우제를 지낼 필요가 없었다. 홍수가 불규칙한 중국의 황하강이나 우리나라의 강들과는 사뭇 대조적이다. 그러니 이건 분명 신의 선물임이 틀림없다. 빠른 강물이 자양분이 풍부한 상류에 있는 흙을 휩쓸면서 하류에 토해 놓은 땅이 곧 나일 강의 삼각주였다. 삼각주는 검붉은 색을 띠는 영양가 풍부한 흙으로, 농사법을 일찍 터득한 고대 이집트인들은 늘 풍성한 수확물을 얻을 수 있었다. 이스라엘 민족이 검은 땅이라고 부를 만했다.

그러면 이런 축복받은 기후 조건과 도형, 즉 기하학의 출발이 무슨 상관일까? 그 이유는 간단하다. 이집트의 세소스트리스 왕이 백성들에게 땅을 공평하게 나누어 주어

도, 매년 나일 강의 홍수만 일어났다 하면 농지의 경계선이 허물어져 싸움이 그치지 않았다고 한다. 내 땅이니 네 땅이니 하면서 싸우다 보니 발생한 것이 측량술이었던 것이다. 이 측량술은 역사를 변화시키는 기하학의 기원이 된다. 대개 농토의 모양은 고대 사회부터 지금까지 정사각형이나 직사각형이다. 이는 작업의 능률을 높일 수 있고 면적과 수확한 양을 계산하거나 수로를 만드는 등의 관개공사에도 편리했기 때문이다. 기하학이란 영어로 geometry인데, '땅'이란 뜻의 geo와 '측량하다'라는 뜻의 metry의 합성어다. 단어를 살펴볼 때 이처럼 당시의 사물이나 상황과 밀접한 관련이 있음을 되새기면 한층 흥미를 느낄 수 있다.

그렇다면 땅을 측량할 때 사용한 도구는 무엇이었을까? 머리를 굴려 보자. 『정말 쉬운 수학책』 1권 '수'에서 이집트의 숫자를 이야기할 때 나온 밧줄이 바로 그것이다. 물건을 묶을 때 필요한밧줄은 나일 강변에 풍부한 파피루스 갈대로 만들었을 것이다. 우리나라에서는 벼의 부산물인 짚으로 새끼를 꼬아 새끼줄을 만들고, 그 새끼로 가마니도 짜고 멍석을 만들었으니 충분히 가능한 일이다. 가느다란 밧줄은 손으로 한 뼘을 매듭으로 만들어 사용했을 것이고, 굵은 밧줄일 때는 한 걸음씩 걸어가면서 매듭을 지어 측량했을 것 같다. 하지만 역사가들은 팔꿈치부터 셋째 손가락 끝까지의 길이를 큐빗이라는 단위로 사용했다고 주장한다. 큐빗은 보통 약 45cm라 하며, 고대 근동 지방의 단위는 이 큐빗을 썼다. 참고로 다이아몬드의 짝퉁은 '큐빅' 이니 헷갈리지 말도록!

잠깐만!

큐빗은 이집트, 메소포타미아를 비롯하여 이스라엘에서 사용된 단위로, 그 길이가 일정하지 않다. 성인 남자의 팔 길이가 사람마다 그리고 지역마다 다르니까 같다고 하면 오히려 이상한 이야기다. 짧은 큐빗과 긴 큐빗이 있었고, 길이는 38cm, 44.5cm, 51.8cm, 53cm 등으로 매우 다양했다.

실제로 경지나 도로의 길이를 잴 때 밧줄로 측량하는 것을 직업으로 삼은 측량사가 있었다고 한다. 기원전 15세기 하트셉수트 여왕 시대에 한 측량사가 둥글게 만 측량 밧줄을 손에 들고 있는 조각상이 분묘 벽화에 그려져 있으니까. 수준 높은 지혜와 기술을 갖춘 측량사들에 의해 현재 인류의 문화유산이 된 피라미드가 건축되었다. 이때 밧줄 위의 매듭은 곧 직선 위의 점이 된다. 매듭 있는 밧줄로 피타고라스 정리의 원리인 3 : 4 : 5의 비율을 활용해 직각을 얻어내어 집을 지어서 살았고, 왕들의 무덤인 피라미드를 건축한 것이다. 수학적 지식은 고도로 발달된 지식이었으므로 수학은 나라를 다스리는 권력자들의 통치 수단에 활용되었으며 측량사는 전문 지식인으로 인정받았음을 알 수 있다.

우리가 잘 아는 기자(Giza)의 거대한 피라미드가 건축되기 약 100년 전에 만들어진 사카라 피라미드는 높이가 고작 60m였다. 우리의 광개토대왕 무덤보다 작은 초라한 돌무덤이었다. 하지만 100년이 흐르는 동안 왕조의 단합된 힘과 막강한 통치력으로 기자의 쿠푸 왕 피라미드는 높이가 무려 146m에 이르는 거대한 건축물로 축조되었고, 세계 5대 불가사의 중 하나로 남았다. 100년 동안 수학적 지식과 건축기술이 그만큼 발달했다는 증거다. 사카라에서 출토된 건축용 측량 기구를 보면 매우 다양하다. 돌을 깨고 다듬는 망치, 굽은 자인 곡척(曲尺), 면의 기울기를 조사하는 수준기, 추가 달린 자 등이 있으며 큐빗 자도 두 가지나 발견된다.

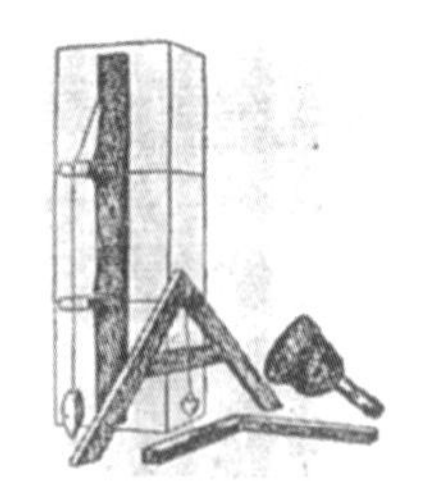

이집트 사카라에서 출토된 곡척과 망치

메소포타미아의 점토판

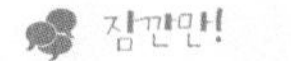

최초의 문명인 고대 이집트 문명과 메소포타미아 문명이 발원된 지역은 산이 없는 평야였으니 지평선 위의 태양은 '직선과 원의 관계'를 생각하게 한다. 직선과 원의 관계를 생각하면 가능한 경우의 수는 몇가지일까? 맞다. 3가지다.

① 태양이 지평선 밑에서 떠오르기 시작할 때는 원과 직선이 교차할 때고,

② 태양의 몸통이 지평선과 떨어지는 순간은 원과 직선이 접할 때며,

③ 태양이 지평선 위로 훌쩍 솟아올랐을 때는 원과 직선이 만나지 않을 때다.

기원전 6세기경, 그리스의 올리브 상인이던 탈레스는 이집트에 와서 이 측량술을 배워 고국으로 돌아간다. 탈레스는 이것을 '도형의 학문'으로 업그레이드했고, 그의 천재 제자 피타고라스가 크로톤에 학교를 세워 도형의 학문을 계승·발전해 나갔다. 그 후 '도형의 학문'은 학문과 문화의 중심지이던 아테네에서 왕성하게 연구되는데, 기원전 4세기경 철학자 플라톤 같은 이들이 용어와 논리 형식을 엄밀하게 가다듬어 놓았다. 철학자가 왜 수학을 연구하느냐고? 당시는 '수학자＝철학자'였기 때문이다. 학문이 분화되지 않은 시대이기도 하고, 수학과 철학은 그 밑뿌리가 같다. 그 결과 도형의 학문, 즉 기하학의 스포트라이트를 유클리드가 받게 된다. 그는 수많은 찬사와 박수를 받기에 충분히 아름다운 책, 『원론』을 정리했다. 13권으로 된 이 책은 기하학의 고전임은 물론이고 다양한 학문의 예시이자 전형이 되었다.

2 20년 동안 10만 명의 피와 땀을 모으고 모아서
-피라미드의 수학적 비밀

고대 이집트 왕들의 무덤인 피라미드는 그들의 발달된 건축술과 수학을 입증하고 있다. 쿠푸 왕의 피라미드는 밑변이 약 230m, 높이는 약 146m이고, 평균 2,300kg의 돌을 약 230만 개나 사용했다고 하니 엄청난 규모다. 이를 건축하기 위해 노예나 노동자가 20년 동안 10만 명이나 혹사를 당했다고 한다.

피라미드 건축 과정을 상상해 보자. 먼저 해야 할 일은 돌 자르기다. 돌을 자를 때 석공들은 청동으로 만든 도구를 많이 사용했는데, 거대한 암석을 자르기 위해 돌의 밑면에 몇 군데 구멍을 뚫고 쐐기를 박은 뒤 물을 부어 습기를 머금게 한다. 그러면 습기로 인해 쐐기가 팽창하여 단단하고

강하던 돌도 갈라지고 만다. 지혜로운 발상이다.

그 다음에는 커다랗고 무거운 돌을 쌓는 일이 중요하다. 당시에는 바퀴나 도르래가 없었으므로 무거운 것을 운반하거나 들어 올릴 때는 로프나 롤러, 막대기를 사용했다고 짐작된다. 또한 비스듬한 경사로를 만드는 방법도 상상해 볼 수 있다. 건축할 피라미드 옆에 완만한 경사로를 만들어 놓고, 이 경사로를 이용해 롤러나 로프로 돌을 들어 올리는 것이다. 그런데 이는 말처럼 간단하지 않다. 경사로의 각도를 일정하게 유지하려면 피라미드가 높아질수록 길게 연장해야 했다. 게다가 피라미드가 완성된 뒤 경사로를 철거하는 것도 상당히 힘든 일이다. 그 밖에 또 머리를 굴려 본다면? 지레의 원리를 이용해 커다란 천칭을 이용하는 것이다. 천칭의 짧은 쪽에 자른 돌을 매달고, 긴 쪽에 여러 사람이 매달려서 자른 돌을 들어 올리는 방법이다. 이런 일을 수없이 반복, 또 반복해서 일구어 낸 것이 피라미드인 것이다.

자, 이번에는 20년 동안 230만 개의 돌을 쌓았다면 하루에 몇 개나 쌓았는지 한번 계산해 볼까? 이런 걸 왜 계산까지 하느냐고 태클 거는 친구들의 소리가 들리는 것 같다.

왜냐? 추론하는 실력을 기르기 위해서다. 요즘 대기업 입사 면접에서는 이와 유사한 질문을 한다. 한강 물의 양을 계산해 보라거나, 서울 시내 중국집 전체의 자장면 판매량을 추정하라는 문제인데, 종이와 펜도 없이 즉석에서 계산해야 한다. 딴 길로 샌 것 같지만 추론하는 훈련의 중요성을 말하기 위함이다. 10만 명의 노예 중 반은 돌을 자르고, 반은 돌을 쌓았다고 치자. 5만 명의 인력으로 20년 동안 230만 개의 돌을 쌓았으니 다음과 같은 식을 생각할 수 있다.

$$360(\text{일}) \times 20(\text{년}) \times x(\text{개}) = 2{,}300{,}000(\text{개})$$

$$7200x = 2300000 \quad \text{따라서 } x \fallingdotseq 319.4$$

즉, 5만 명의 노예가 하루에 약 320개씩 쌓았다는 이야기다. 근데 왜 360을 곱했을까?

1년이 365일이란 사실을 몰라서? 아니면 계산하기 복잡하니까 대충하려고? 아니다. 고대 이집트인들은 1년이 365일임을 알았지만 5일은 축제일로 정해 쉬었다고 한다. 지금처럼 일주일 단위로 나누어서 엿새는 일하고 하루를 쉰 것은 훨씬 뒤에 기독교의 영향으로 만들어진 시스템이다.

쿠푸 왕의 피라미드는 수학적으로 신비로움을 자아낸다. 밑면의 둘레는 높이를 반지름으로 하는 원둘레와 일치하고, 꼭짓점에서 수선의 발을 내리면 투시도에서 직각삼각형이 보인다. 어렵나? 직접 그림을 그려서 천천히 생각해 봐라. 시간이 좀 걸려도 괜찮다. 이때 삼각형의 길이를 자세히 관찰해 보자.

$\dfrac{\text{밑변}}{\text{높이}} = \dfrac{0.618034}{0.78615}$을 계산하면 공교롭게도 높이의 길이와 같은 값 0.78615가 나온다.

즉, $\frac{0.618034}{0.78615}=0.78615$ 이므로

$(0.78615)^2=0.618034$ 다.

그림의 직각삼각형에서 밑변을 x라 하면 높이가 $\sqrt{x}$가 되어, 피타고라스의 정리를 사용하면 $x^2+x=1$이라는 황금비의 방정식이 만들어진다.

잠깐만!

황금비(golden ratio 또는 golden section)는 고대 그리스의 피타고라스 학파에서 발견한 비율로, '짧은 변 : 긴 변= 긴 변 : 전체 길이' 의 식이 성립하게 선분을 나누었을 때 가장 아름다운 비례라고 생각했으므로 황금비라는 이름을 붙였다. 식으로 써 보면,

CB : CA=CA : AB 일때

$\mathrm{CB} : \mathrm{CA}=1 : \frac{1+\sqrt{5}}{2} \fallingdotseq 1 : 1.618 \fallingdotseq 5 : 8$

따라서 $(1-x) : x=x : 1$이므로

$x^2=1-x$며 $x^2+x=1$의 식을 얻게 된다.

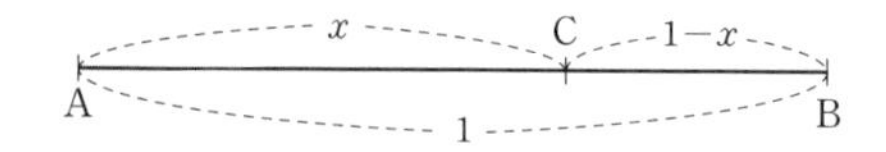

과학자들은 이러한 사각뿔의 피라미드 구조 속에 물을 놓으면 육각수로 변하고, 음식을 놓으면 부패하지 않는다

고도 발표했다. 꼭짓점에서 내린 수선의 발이 되는 지점이 기(氣)가 모이는 지점이라는 것이다. 믿거나 말거나지만, 밑져야 본전이니까 믿는 것이 낫다. 이런 설 때문에 대형 온천에 가면 피라미드 탕이라는 이름이 종종 보이는데, 그만큼 피라미드는 4,500년이 지난 지금까지 갖가지 신비로움을 자아내고 있다. 그러니 이집트에서 영재 교육을 받은 필경사(글씨 쓰는 일을 직업으로 하는 사람)처럼 측량사도 고도의 훈련을 받은 전문직으로 인정되어 지배층에 속했을 것이 틀림없다.

3 누가 뭐래도 원조는 이집트 파피루스!

-이집트의 기하학 책

이집트 사람들은 지혜롭게도 일찍이 나일 강 유역의 무성한 갈대, 즉 파피루스로 종이를 만들었다. 종이는 필기구와 함께 학문 발전에 매우 중요한 요소다. 그들은 껍질을 벗긴 파피루스를 얇게 찢어 가로세로로 펼친 뒤, 접착제를 바르고 두들겨 얄팍해진 것을 종이로 썼다. 종이를 가리키는 영단어 paper도 파피루스에서 유래했다. 당시 잉크는 그을음으로 만들었고, 파피루스 줄기로 붓을 만들어 기록한 뒤 둥글게 말아 보관했다. 현재 발견된 파피루스로 가장 길이가 긴 것은 20m가 넘는데, 그 안에는 의학적 내용이 담겨 있다. 그중 치료에 관련된 경우의 수를 3가지로 분류해 놓은 것이 있는데 다음과 같다.

① 처치하면 치료가 가능하다.

② 처치할 수 있으므로 치료를 한다.

③ 처치할 방법이 없다.

이렇게 세 가지 가운데 한 가지로 명확하게 기록했다고 하니, 합리적이고 분석적인 그들의 사고방식을 알 수 있다. 이러한 사고방식은 후에 그리스로 전달돼 수학에서 다양한 유형으로 발전된다.

이집트의 파피루스는 애석하게도 불과 습기에 약해 많이 소실되었지만, 건조한 기후 덕에 이집트의 사막이나 이스라엘의 광야에서 간혹 발견되기도 한다. 고대 그리스와 로마에서도 파피루스는 긴요한 필기 노트였다. 기원전 5세기부터 기원후 4세기까지 수학은 모두 파피루스에 썼는데, 잉크는 점점 개량되어 숯과 고무와 물을 적당히 배합해 만들었다. 이집트의 파피루스 중 수학에 관한 파피루스는 린드가 발견했다 하여 '린드 파피루스'로 불리는 것(기원전 1650년경의 것으로, 저자 아메스의 이름을 따서 '아메스 파피루스'라고도 함)과, 모스크바에서 발견되었다 하여

'모스크바 파피루스' 로 불리는 것이 있다. 거기에는 110개의 수학 문제가 실려 있는데, 해답은 있지만 증명이나 법칙이 하나도 없는 것이 특이하다. 아니 특이한 것이 아니라 아직 수학이 논증적으로 발달하지 못한 증거로 볼 수 있다.

여기서는 도형을 중점적으로 다루므로 이집트의 체적 문제를 살펴보자. 근데 왜 자꾸 이집트 이야기를 하느냐고? 앞서 잠깐 언급했지만 이집트의 산술과 기하가 그리스로 전달돼 체계적이고 논리적이며 아름다운 그리스의 기하학으로 거듭났기 때문이다.

이집트 사람들은 원의 면적과 원기둥의 부피를 구할 때 원주율을 3.16으로 사용했다. 우리가 아는 원주율이 3.14니 지금 생각으로도 꽤 근사한 값이다. 독특한 그들의 계산법을 들여다보자. 그들은 원기둥의 부피를 구할 때 원의 지름에 $\frac{8}{9}$을 제곱하여 구했다. 즉, d를 원의 지름이라 할 때 $S=(d-\frac{1}{9}d)^2=(\frac{8}{9}d)^2$으로 계산한 것이다. 그러면 왜 원기둥의 부피를 구해야 했을까? 곡식 창고를 짓기 위해서였다. 구약 성경을 보면 이집트의 총리였던 요셉이 7년의 풍년과 7년의 흉년 동안 나라를 지혜롭게 다스렸다는 이야

기가 드라마틱하게 나온다. 이 이야기에서 수학의 문제를
생각해 보자. 풍년일 때 수확물을 저장하려면 대형 창고가
필요했을 텐데, 둘레가 같은 정다각형의 도형에서는 변의
개수가 많을수록 면적이 크다. 그러니까 정사각형, 정오각
형, 정육각형 등을 생각해 보면 정다각형의 변의 개수가 많
을수록 넓을 것이다. 따라서 변이 무한히 많은 원을 만드는
것이 가장 넓은 면적을 얻게 된다.

예를 들어 한 변이 10cm인 정사각형의 넓이는 100cm^2

다. 이 정사각형과 둘레가 같은 정육각형을 만들어 보면, 둘레가 40cm인 정육각형의 한 변은 $\frac{40}{6}$cm다. 넓이를 구하려면 평행사변형 3개의 면적 또는 정삼각형 6개의 면적을 구하면 된다. 따라서 $S=6\times\frac{\sqrt{3}}{4}\times\left(\frac{40}{6}\right)^2 \fallingdotseq 113.3cm^2$가 된다. 그런데 원의 둘레가 40cm인 원의 넓이를 구하면, 반지름이 $\frac{20}{\pi}$cm이므로 넓이는 $\pi\left(\frac{20}{\pi}\right)^2 \fallingdotseq 127.4cm^2$다. 그러니 곡식 창고를 만들 때 원기둥 모양으로 하면 가장 큰 면적을 얻을 수 있다.

40cm의 둘레로 다양한 도형을 만들었을때 넓이를 비교해 보자!

파피루스에는 피라미드의 예가 모두 4가지 나오는데, 피라미드의 경사각을 측정하는 문제들이다. 각각의 경사각은 54°14′16″와 53°7′48″다. 기자의 피라미드 각도와 근사하다. 여기서 우리는 그들이 실제로 피라미드를 건설하기 전에 모형실험을 했을지도 모른다고 유추할 수 있다.

한편 다음 그림처럼 사각뿔의 피라미드 외에 윗면이 평평한 정사각뿔대의 피라미드도 있다.

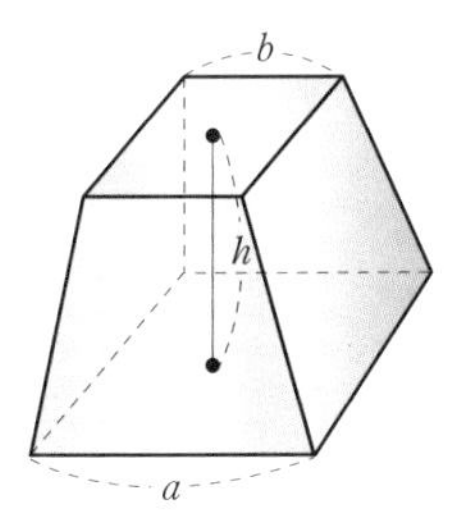

초기 왕묘나 귀족의 묘가 이러한 형태였는데 그 체적에 대해 파피루스에는 다음과 같이 적혀 있다. 지금의 방식대로 써 보면, 높이를 h, 밑면의 한 변을 a, 윗면의 한 변을 b라고 할 때, $V=(a^2+ab+b^2)\times\frac{h}{3}$가 된다는 것이다. 물론 맞는 해법이다. 이런 훌륭한 해법이 있음에도 이집트의 수학이 한층 적극적으로 발달하지 못한 이유는 계산 방법이 아주 번거로웠기 때문이다. 곱셈은 덧셈을 여러 번 사용하면서 해결했고, 분수 계산은 항상 분자가 1인 단위 분수만 사용한 것이 약점이자 한계였다. 자! 그럼 이집트의 수학보다 한 수 위인 메소포타미아의 수학을 탐색해 볼까?

4 수학은 학문이 아니라 생활이야
-메소포타미아의 기하학

점토판(진흙 판) 조각에 남아 있는 설형 문자(쐐기 문자)와 오래된 달력 조각의 발견으로 메소포타미아 문명이 햇빛을 보게 되었다. 티그리스 강과 유프라테스 강 유역에서 발달한 수메르인들의 메소포타미아 문명은 이집트에 비해 고도로 발달된 수학적 지식을 보여 준다. 그들은 빵과 맥주를 물물 교환의 기준으로 삼은 이집트인들과 대조적으로 상거래를 활발히 했다. 은화가 사용되었고, 이자 계산의 필요성을 느껴 제곱표와 제곱근표까지 점토판으로 만들어 가지고 다녔다. 심지어 점토로 봉투와 편지지를 만들어서 우편 제도까지 발달시켰다고 한다.

잠깐 머리를 식힐 겸, 무더운 여름에 인기가 좋은 시원한 맥주를 생각해 볼까? 여러분은 아직 마실 수 없으니 약이 오를지도 모르겠지만. 농사를 짓는 우리나라 농촌 가정에서 막걸리를 손쉽게 만들었듯, 고대 이집트인들은 기원전 3500년경부터 보리농사를 짓고 홉(hop, 맥주의 원료인 식물)을 발견하여 맥주를 만들어 빵과 함께 먹었다고 한다. 물론 우리는 막걸리가 주식이 아니었지만 그들은 맥주를 빵과 함께 먹는 음료로 여긴 것 같다. 그러니 먹거리에서 가장 중요한 빵과 맥주를 물물 교환의 기준으로 삼았다

는 기록을 이해할 수 있다.

언젠가 일본의 한 맥주 회사에 견학을 간 적이 있다. 그 회사의 입구 벽면에 그려진 벽화는 놀랍게도 고대 이집트인들이 보리를 경작하고 타작하는 그림이었다. 안내원은 기원전 3500년경부터 인류가 맥주를 만들어 마셨다는 이야기를 카랑카랑한 목소리로 또박또박 들려주었다. 필자는 공짜 맥주와 함께 고대 이집트의 역사적 기록에 대한 설명을 들을 뿐만 아니라, 맥주의 원료인 홉을 만져 보고 향까지 맡을 수 있는 체험 학습의 기회가 고맙게 느껴졌다.

하던 이야기로 돌아가서, 이집트를 비롯해 그리스와 로마 등 고대 사회에서 여성들의 지위는 형편없었다. 여자는 결혼하기 전에는 아버지에게 종속되었고, 결혼 후에는 남편에게, 또 남편이 죽으면 아들에게 종속되었으며 사회적 활동은 거의 금지되었다. 그럼에도 함무라비 법전에 따르면 소수의 메소포타미아 여성들은 사업도 하고 재산도 소유할 수 있었고, 판사나 장로, 서기관 등 요즘 말로 전문직의 역할을 수행했다. 여성의 지위는 그 사회의 문화적인 척도이기도 하므로 메소포타미아 사회가 고도로 문명화된 사회였음을 짐작할 수 있다.

이제 점토판에서 발견된 그들의 기하학 수준을 살펴보자. $\sqrt{2}$를 60진법으로 1 : 24,51,10으로 표시한 점토판이 발견되기도 했다. 이것을 지금의 10진법으로 고치면 어떻게 될까? 답은 1.41421297다. 소수점 아래 다섯 자리까지 ($\sqrt{2}=$ 1.41421356……) 정확하게 셈한 그들의 실력을 인정해야 한다. 또한 각뿔대의 부피를 구하는 데 다음과 같은 공식을 사용하기도 했다.

$$V=h\left[\left(\frac{a+b}{2}\right)^2+\frac{1}{3}\left(\frac{a-b}{2}\right)^2\right]$$

물론 증명이나 해설은 없다고 한다. 수학자들은 그 이유를 수학적 능력이 모자라서가 아니라 그 당시에는 실제 생활에 필요한 결과와 사실만이 중요했기 때문이라고 이야기한다. 증명과 논증은 그 후 철학을 좋아한 민족, 그리스인들에 의해 발전된다.

메소포타미아인들은 두 수의 곱을 직사각형의 넓이로 보았고, 제곱을 정사각형의 넓이로 생각하기도 했다. 다음은 중학교 2학년 수학에 나오는 인수분해 공식이다.

$$(a+b)(a-b)=a^2-b^2$$

$$(a+b)^2=a^2+2ab+b^2$$

$$(a-b)^2=a^2-2ab+b^2$$

다 외우지 못한 친구들은 반성하고 암기해야 한다. 지금부터 5,000~6,000년 전 메소포타미아 사람들도 이미 알고 있었으니 말이다. 원주율에 관해서는 이집트인들이 3.16으로 사용한 것에 비해 메소포타미아인들은 3으로 사용했고, 1936년에 발견된 점토판에 따르면 $3\frac{1}{8}$로도 사용했음을 알 수 있다.

II 도형, 제대로 알기

축구공의 원리는 목욕탕의 타일링

앞 장에서 도형에 관련된 학문이 어떻게 탄생하게 됐는지 잘 익혔는가? Ⅱ장에서는 점, 선, 평면 등이 만나서 얼마나 신비로운 학문이 탄생했는지를 차근차근 살펴볼 것이다. 학문이라는 말에 긴장할지도 모르는 여러분을 위해 우선 예쁜 그림을 가지고 쉽게 시작해 보겠다. 자, 다음 그림을 함께 보자.

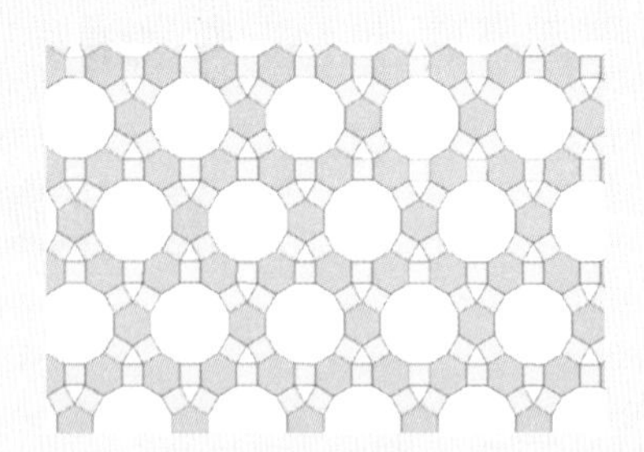

삼각형, 사각형, 육각형, 십이각형으로 만든 타일링

컴퓨터로 작업한 이 도형은 자세히 들여다보면 정삼각형, 정사각형, 정육각형과 정십이각형으로 평면을 빈틈없이 메워

놓았다. 수학에서는 이런 것을 테셀레이션(tessellation) 또는 타일링(tiling)이라고 부른다. 평면에 있는 이 도형을 3차원 공간으로 옮기면 어찌될까? 아니면 이 도형을 손으로 동그랗게 만들 수 있다고 가정을 해도 좋다. 상상이 되는가? 똑같지는 않지만 다음의 그림을 보면 쉽게 이해가 될 것이다.

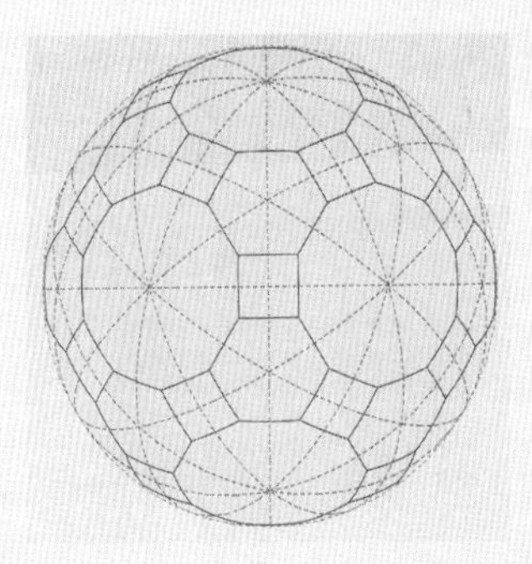

구면 위에서 사각형, 육각형, 십각형으로 만든 타일링

어떤가? 위 그림을 보면 축구공 같다는 생각이 들지 않나? 자, 말 나온 김에 2002년 월드컵에서 사용했던 축구공인 피버노바를 떠올려 보자. 언뜻 생각하면, 피버노바는 각이 하나도 없는 구면일 것 같지만 실은 정오각형 12개와 정육각형 20개로 만들어진 다면체라고 한다.

다면체를 이해하는 데 필요한 것이 바로 '오일러의 정리'이다. 오일러의 정리를 통해 우리는 '$v-e+f=2$' 라는 공식을 얻을 수 있는데, 여기서 v는 vertex의 약자로 꼭지점을, e는 edge의 약자로 변을, f는 face의 약자로 면을 의미한다. 정리하자면 '꼭지점의 개수－변의 개수＋면의 개수＝2' 라는 것이다. 자, 그럼 이제 다면체에서 모서리의 개수를 계산해 보자. 오각형이 12개이므로 5×12개이고 또 육각형이 20개이므로 6×20개인데 서로 두 개씩 겹쳐졌으므로 전체 모서리의 개수를 2로 나눠 주면 $(5\times12+6\times20)\div2=90$이 된다. 면의 개수는 정오각형과 정육각형이 각각 12개와 20개이고 이를 합하면 32개이다. 이것들이 평면에서의 다각형이라면 첫 번째 그림과 같은 타일링이 만들어지겠지만 구면 위에 있기 때문에 두 번째 그림처럼 깎은 다면체가 되는 것이다. 그렇다면 꼭지점의 개수는 어떻게 알 수 있을까? 오일러의 정리 '$v-e+f=2$' 를 이용해서 찾아보면, 꼭지점의 개수는……? 맞다, 60개다. 간단하지? 이렇게 따져 보면 결국 축구공의 원리는 목욕탕의 타일링과 일맥상통하다는 사실을 알 수 있을 거다. 자, 그럼 이제부터 본격적으로 도형의 숨은 성질들을 살펴보러 출발!

1 분명 점이 보이는데 그것의 크기가 없다고?

– 점과 직선, 직선과 직선

청소년 여러분이 중독 증세를 보이는 휴대전화의 액정이나 컴퓨터 모니터, TV 화면은 모두 픽셀(pixel)이라는 점으로 구성된다. 화면을 이루는 작은 점들이 모여 선을 이루고, 예쁜 색들을 띠면서 글자가 되기도 하고 그림으로 나타나기도 한다. 이때 우리가 점이라고 인식하는 것은 매우 작은 알갱이지만 확실한 것은 크기가 있다는 사실이다. 그런데 고대 그리스 사람들은 점이란 것을 희한하게도 눈에 보이지만 크기가 없는 것으로 정의했다. 아니, 눈에는 보이는데 크기가 없다니? 도대체 말이 되는 소리야? 이렇게 비아냥대는 친구가 있을 것 같다. 하지만 이것이 바로 그리스 민족의 독특한 기질이자 우수성이다. 그들은 점을 크기가 없으면서 위치만 있는 것으로 약속했다. 한 걸음 더 나아가 점들이 모여 선을 이루므로 결국 폭이 없으면서 길이만 있는 것을 선이라 했으며, 선들이 모여 만들어지는 평면은 두께가 없이 넓이만 있는 것으로 약속했다. 수학에서는 이러한 약속을 어려운 말로 정의라고 부른다. 여러분이 언제 이런 약속을 했느냐고? 물론 지당한 발언이다. 여러분은 물론이고 필자하고도 약속한 적 없다. 수학자들끼리 일방적으로 약속한 것이다. 여러분의 이름이 부모님이나 할아버지 또는 할머니에게서 지어진 뒤 일방적으로 발표되었듯 수학자들의 일방적인 약속을 수학에서는 정의라고 부른다.

그리스의 수학은 일찍이 유클리드라는 수학자에 의해 잘 정리 · 보전되었다. 유클리드는 기원후 4세기 사람으로 알렉산드리아 대학의 교수였던 수학자다. 알렉산드리아 대학은 알렉산드로스 대왕이 자기의 이름을 따서 세운 대학이다. 당시에는 계산하는 일을 하찮게 취급한 사회적인 분위기 때문에 고상한 지식인들은 기하학의 문제에만 몰두했다. 따라서 '그리스 수학＝기하학' 이라 할 수 있다.

그들은 두 점 A와 B를 지나는 직선은 오직 하나뿐이며

양쪽 방향으로 한없이 뻗어 나갈 수 있다고 생각했으며, $\overleftrightarrow{AB}$라고 썼다. 직선을 점 A에서 점 B로 한쪽 방향으로만 연장한 선은 반직선이라 부르며 $\overrightarrow{AB}$로 나타내고 끝점이 각각 A와 B로 닫힌 것은 선분이라 하며 $\overline{AB}$라고 쓴다.

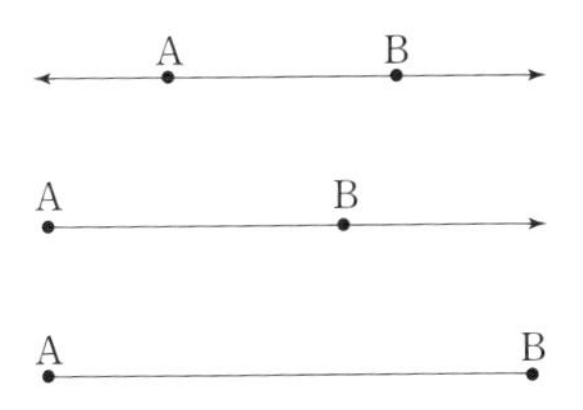

직선이나 반직선은 무한히 뻗어 나가므로 길이를 생각할 수 없지만 선분은 길이가 있다. 그런데 여기서 한 가지 생각할 문제가 있다. 무한히 뻗어 나가면 왜 길이를 생각할 수 없는 걸까? 지구본을 앞에 놓고 멀리서 바라보자. 양끝으로 계속 뻗어 나가는 직선은 진정 그 길이를 잴 수 없단 말인가? 직선이 지구본의 적도에 놓인다면 적도의 둘레가 직선의 길이이므로 그 길이를 구할 수 있는 것 아닌가? 왜 길이를 생각할 수 없다는 것인가? 그 이유는 고대인들은 인류가 사는 지구를 평평하고 네모난 평면으로 인식했기 때문이다. 이러한 사고방식은 그 후에도 줄곧 기하학을 평면의 기하학으로 생각하게 했다. 후에 지구가 구형이라고 인식된 이후에도 19세기가 될 때까지 기하학은 줄곧 평면이 전제인 평면기하학이었다.

자! 점에서 출발하여 직선을 생각하고 보니 점과 직선의 관계가 궁금해지기 시작한다. 원래 인간은 관계의 존재이지 않은가. 점과 직선의 관계를 생각해 보면, 두 가지로 분류할 수 있다. 즉, 점이 직선 위에 놓일 때와 그렇지 않은 때다. 한 걸음 나아가서 직선과 또 다른 직선을 생각해 보자. 직선과 직선의 관계는 한 평면 위에서 다음 그림처럼 세 가지로 생각할 수 있는데, 문제는 평행일 때다.

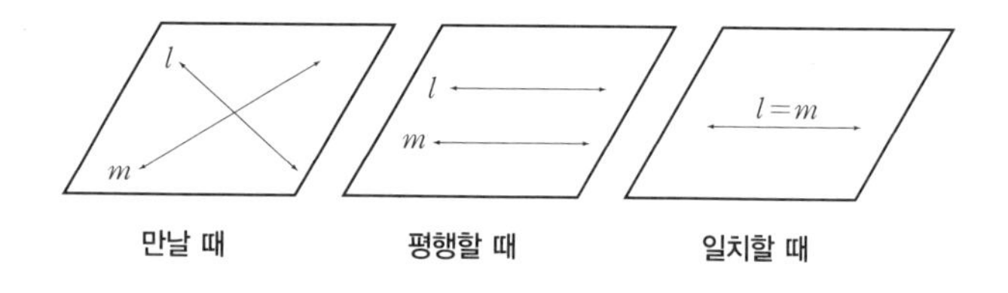

두 직선 l과 m이 평행할 때 우리는 $l \,/\!/\, m$으로 표시하는데, 그리스인들은 '인간은 진실로 평행한 직선을 그을 수 있는가?'를 고민했다. 평행선을 그을 수 있는가가 뭐 그리 중요한 일이냐고 생각한다면 그런 친구들에게는 좀 더

고민하는 자세로 이 책을 읽을 것을 권한다. 일상생활에 금세 필요하지 않은 것처럼 생각되는 이러한 사고방식이 학문 발전의 원동력인 법이다.

생면부지의 남녀가 처음 만나서 첫눈에 반하는 이른바 사랑의 마법에 걸리는 데는 불과 몇 초밖에 걸리지 않는다고 한다. 사랑이란 결코 논리적인 것이 아니며 한순간에 벼락 맞은 것처럼 느껴지는 직관이기 때문이란다. 그런데 사랑을 세 가지로 분류하면서 아가페의 사랑, 필리아의 사랑, 에로스의 사랑을 논한 고대 그리스인들은 어느 민족보다도 형식 논리를 중요시했다. 말로 설명하는 것으로 만족하지 않고, 평행선을 긋더라도 확실하게 논리적으로 설명해야만 했다. 수학에서 논리적 설명을 증명(證明)이라고 하는데, 말 그대로 확실하게 이유와 근거를 밝히는 것이다. 그들은 남에게 바른 작도라고 단언하기 위해 증명이 필요했던 것이다. 여기서 중요한 사건의 조짐이 감돌기 시작한다.

문제는 우리의 이름을 왜 그렇게 지었는지 설명하기 난처한 것처럼, 평행선을 논리적으로 설명하기가 불가능함을 깨달았다는 데 있다. 결국 수학자들은 평행선에 대해서는 증명할 수 없다고 선언하기에 이른다. 이른바 유클리드의 제5공준이 그것이다. 증명할 수 없는 가장 기본이 되는 사항을 수학에서는 공준(명제)이라 한다. 앞에서 이야기한 것처럼 정의나 공준이나 결국 수학자의 일방적인 약속인데, 그 의미는 약간 다르다. 여기서는 더 이상 깊이 들어가지 말기로 하자. 머리가 아프다고 투덜거리는 친구들이 있을 테니까……. 유클리드의 기하학 책 『원론』에는 공준이 5개 있는데, 임의의 직선에 대하여 평행선을 그을 수 있다는 공리를 제5공준이라 부른다. 말하나마나 다섯 번째 공준이기 때문이다.

제1공준 : 임의의 점에서 임의의 점에 대해 하나의 직선을 그을 수 있다.

제2공준 : 유한의 직선은 계속 직선으로 연장할 수 있다.

제3공준 : 임의의 중심과 거리(반지름)를 가진 원을 그릴 수 있다.

제4공준 : 모든 직각은 서로 같다.

제5공준 : 하나의 직선이 두 직선과 만날 때, 어느 한쪽의

내각의 합이 2직각(180°)보다 작으면, 그쪽

에서 두 직선이 만난다.

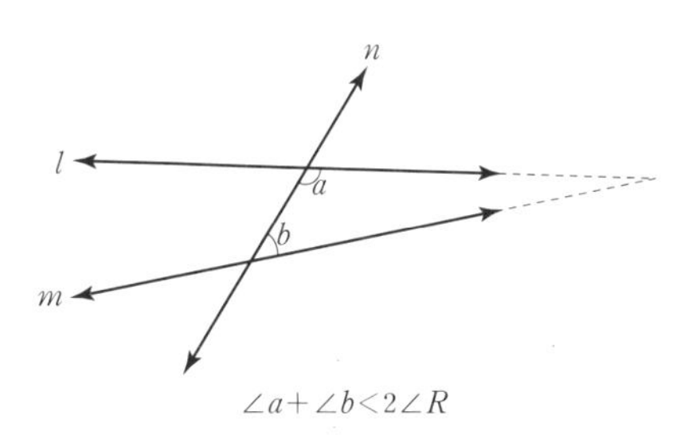

$\angle a + \angle b < 2\angle R$

제5공준은 바로 우리가 존경하는 17세기의 철학자 파스

칼을 괴롭힌 것으로 유명하다. 그의 아버지는 기하학 연구가 아들의 건강을 해칠까 봐 더 이상 제5공준을 연구하지 말라며, 전기가 없던 시절 오일 램프를 못 켜게 하면서 수학 공부를 금지했다고 한다. 우리로서는 공부하지 말라는 아버지의 뜻을 거스른 파스칼이 전혀 이해되지 않는 이야기지만…….

직선들 가운데 선분의 이야기로 돌아오자. 선분 가운데 가장 길이가 짧은 것을 거리라고 하는데 우리말로는 지름길, 한자로는 첩경(捷徑)이라 한다. 따라서 $l \parallel m$은 직선 l이 있을 때 직선 m까지의 거리가 일정함을 뜻한다.

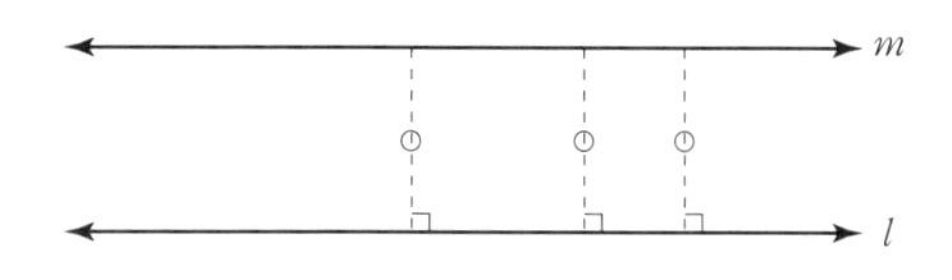

2 나란히 마주보는 V라인 각? – 각과 평행선

전기가 없던 시절 인간이 칠흑같이 캄캄한 밤에 할 수 있는 일 가운데 재미있는 일은, 밤하늘의 별과 달을 쳐다보며 온갖 상상력을 동원해 이야기를 지어내거나 별을 관찰하는 일이었을 것이다. 예수가 태어날 때 동방박사 세 사람이 별을 보고 경배를 하러 갔다는 성경의 내용은 성탄절 주일학교에서 하는 연극 이야기로만 이해해서는 안 된다. 예수의 탄생에 대해 다룬 영화로 2006년 겨울에 상영된 「네티비티 스토리—위대한 탄생」에는 동방박사가 아랍과 인도 지역의 천문학자로 나오며, 범상치 않은 별을 보고 멀리서 이스라엘을 찾아간다. 그만큼 그들의 천문학적인 탐구심과 열정이 강렬했다는 것과, 미래를 예측할 때 별의 관측에 많이 의존

할 수밖에 없던 당시의 천문학적 배경을 이해할 수 있다.

잠시 영화 이야기를 하자면, 영화에는 당시 로마의 식민지였던 이스라엘 백성들의 가난과, 세금을 못 내는 이스라엘 백성들을 탄압하는 로마 군인들의 횡포를 견디지 못해 딸들을 시집보내는 이야기가 배경으로 깔린다. 그러면서 목수였던 청년 요셉과 순결한 처녀 마리아의 만남이 나온다. 하지만 기원후 1세기경 로마의 사회와 문화를 보건대

요셉은 집을 짓는 건축가로서 결코 가난하지 않았을 것이고, 그 시절 남자는 보통 30세 즈음에 장가를 들고 여자는 14세 정도면 시집을 갔으므로 예수의 부모인 요셉과 마리아도 그런 나이였으리라 짐작한다. 따라서 예수가 공생애를 시작한 30세 때 육신의 아버지 요셉은 이미 죽은 뒤였다고 추정한다.

아무튼 당시 아무리 천문학적 열정이 뛰어났다 해도 행성의 운동을 관측하는 것은 훨씬 뒤에나 가능해진 일이었다. 중세와 르네상스를 지나 17세기 말이 되어서야 비로소 별이나 행성의 운동을 관찰하기 위해 각을 재는 도구인 육분의가 사용되었다고 한다. 그 이전에는 각을 재는 데 반원 모양의 도구가 사용되었다.

육분의

각이란 한 점 O를 중심으로 두 반직선 $\overrightarrow{OA}$와 $\overrightarrow{OB}$의 벌어진 정도를 말한다. 각을 측정할 때는 각도기를 사용하는데 크기가 90°보다 작을 때는 직각보다 뾰족하므로 예리하게 느껴져서 예각(銳角)이라 부르고, 90°일 때는 곧다는 뜻으로 '곧을 직' 자를 써서 직각(直角)이라 부르며, 90°보다 클 때는 무디고 둔하게 느껴지므로 둔각(鈍角)이라 한다. 직각은 영어로 Right angle이므로 첫 글자를 따서 ∠R로 표시한다. 따라서 $\frac{1}{2}\angle R=45°$이고, $\frac{1}{3}\angle R=30°$가 된다. 너무 쉽다고 태클 거는 친구가 있는데, 이제 이런 쉬운 문제 그만 할 거다.

두 각이 꼭지를 맞대었을 때를 맞꼭지각이라 하는데, 맞꼭지각에 대해서는 다음의 정리가 가장 유명하다.

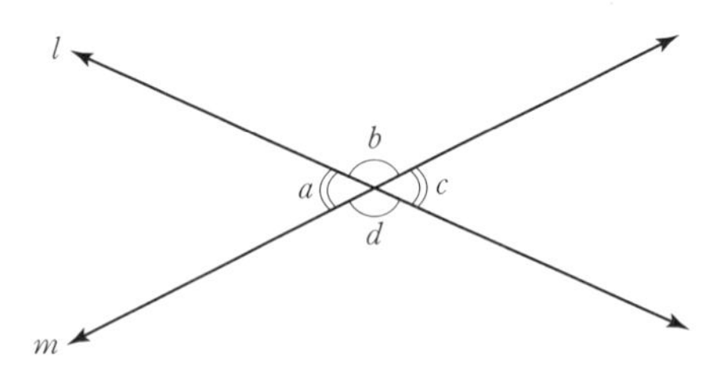

두 직선이 한 점에서 만날 때, 맞꼭지각의 크기는 서로 같다.

그림처럼 두 직선이 한 점에서 만나면 4개의 각이 생기는데 이때 마주 보는 두 각 $\angle a$와 $\angle c$, $\angle b$와 $\angle d$를 각각 서로 맞꼭지각이라 한다. 그러면 $\angle a+\angle b=180^\circ$이고, $\angle a+\angle d=180^\circ$이므로 $\angle a+\angle b=\angle a+\angle d$이다. 따라서 $\angle b=\angle d$임을 알 수 있다. 마찬가지로 $\angle a=\angle c$도 증명할 수 있겠지? 이건 올리브 상인으로 이집트에 건너가서 그들의 측량술을 '도형의 기하학'으로 업그레이드한 탈레스가 증명한 것이다.

각도는 우리 생활 속에서 얼마든지 발견할 수 있다. 가령 비행기의 프로펠러, 네덜란드의 풍차, 의자의 다리 등을 생각해 보라.

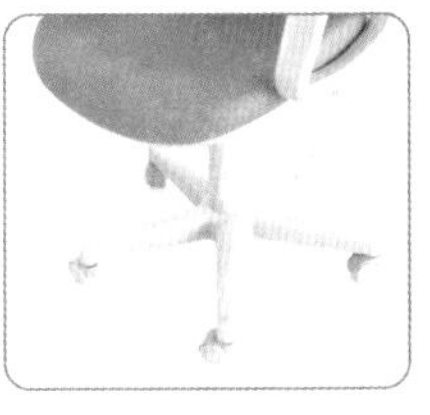

평행선이라고 하면 학생들은 금세 직사각형 모양의 책상의 나란한 두 선을 떠올리기도 하고, 컴퓨터에 푹 빠진

게임 마니아들은 모니터의 나란한 두 선을 떠올릴 것이다. 한편 올림픽의 메달을 목표로 오늘도 비지땀을 흘리며 맹훈련을 하는 체조 선수들은 평행봉이 떠오를 수밖에 없다.

자! 이제 수학적 정의로 돌아와서 우선 두 직선이 다음 페이지의 그림처럼 한 직선과 만날 때를 생각해 보자. 앞에서 두 직선이 서로 만났을 때는 각이 4개 생겼지만, 지금은 각이 8개 생긴다. 이때 $\angle a$와 $\angle e$, $\angle b$와 $\angle f$, $\angle c$와 $\angle g$, $\angle d$와 $\angle h$를 같은 위치에 있는 각이란 뜻으로 같을 동(同), 자리 위(位) 자를 써서 동위각(同位角)이라 부른다. 그러면 앞서 배운 맞꼭지각은 모두 몇 쌍이나 있을까? 맞다. 아래에 나와 있듯 4쌍이다. 한 가지 추가할 것은 $\angle b$와 $\angle h$, $\angle c$와 $\angle e$는 서로 엇각이라고 부른다는 점이다. 말 그대로 엇갈린 위치에 있기 때문이다.

중요한 것은 지금부터다. 다음에 나오는 왼쪽의 그림은 가로의 두 직선이 오른쪽으로 계속 뻗어 나가면 만나는 경우지만 오른쪽 그림은 만나지 않는 경우다. 즉 두 직선이 평행일 때다. 이때는 동위각의 크기와 엇각의 크기도 서로 같아진다. 즉 $\angle a=\angle e$, $\angle b=\angle f$, $\angle d=\angle h$, $\angle c=\angle g$

이고, $\angle b=\angle h$, $\angle c=\angle e$다. 이를 풀어서 말하면 '동위각의 크기가 같으면 두 직선은 평행하고, 또한 엇각의 크기가 같아도 두 직선은 평행하다' 임을 기억하자.

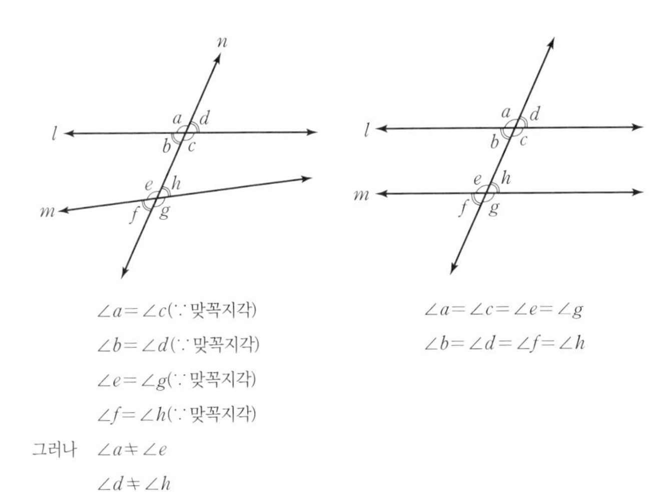

평행하지 않은 두 직선 **평행인 두 직선**

3 꼬일 때는 3차원적으로 생각해 봐

– 공간에서의 직선과 평면

앞서 보았듯 한 평면에 직선 2개가 있을 때 가능한 경우의 수가 ①만날 때, ②평행할 때, ③일치할 때와 같이 3가지라면, 공간 속에 직선 2개가 있을 때 가능한 경우의 수는 몇 가지일까? 한 가지가 추가되어 4가지다. ①만날 때, ②평행할 때, ③일치할 때, ④꼬일 때다. 일치할 때는 평행할 때에 포함되므로 3가지라 말하기도 한다. 여기서는 꼬인 경우를 살펴보자. 공간 속에서 두 직선이 꼬인 위치라는 것은 육교나 지하도, 고가도로를 생각하면 이해하기 쉽다. 고가도로란 지표면상에 있는 도로와의 평면 교차를 피하기 위해 지면보다 높게 설치한 도로인데, 이런 지점이 지도책에 표시될 때 초보 운전자는 잘 구분해 내지 못한다. 이런 초보자들에게 편리한 길잡이인 내비게이션이 바로 GPS 프로그램이다. GPS에서는 지도를 입체적으로, 즉 3차원적으로 표시해 줄 수 있어 터널이 나타나는 지점, 고속도로로 진입해야 하는 지점 등을 친절하게 가르쳐 준다. 모니터뿐만 아니라 아름다운 여성의 음성으로, 또는 터프한 남성의 목소리로 다양하게 들을 수 있다.

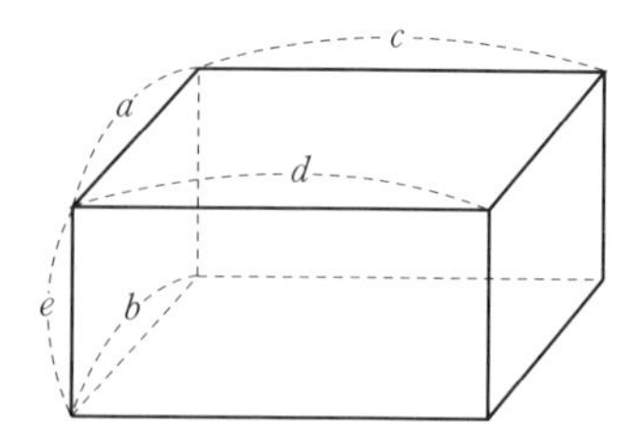

위의 그림과 같은 직육면체를 생각해 보자. 직선 a와 평행한 직선은 b이고, 직선 c와 평행한 직선은 d다. 그러면 e와 만나는 직선은 무엇일까? 맞다. a와 b다. 이때 직선 c와 e는 만나지도 않고 평행도 아니므로 공간 속에서 꼬인 위치라고 한다. "선생님! 이것 말고도 꼬인 위치가 또 있는데요?" 맞는 말이다. 직육면체이니까 모두 12개의 모서리를 직선으로 생각할 수 있는데, 너무 복잡해지니까 핵심만 설명하려고 간단하게 말하는 것이니 태클 걸지 마라.

자! 이번에는 직선과 평면의 관계를 알아보자. 필자의 경우 탁구, 테니스, 배구 등 TV로 스포츠 중계방송을 보노라면 우선 눈에 들어오는 것은 평면과 직선, 평면과 평면의 위치 관계 등 도형적 관점이다. 그럴 때마다 "엄마는 모든 걸 너무 수학적으로만 보는 것 같아!"라면서 딸아이의 핀잔이 날아든다. 하지만 수학만 수십 년을 가르쳤으니 배운

버릇을 어쩌란 말이냐! 탁구대, 테니스장과 배구장의 네트는 모두 평면 바닥에 평면이 수직으로 놓여 있다(네트를 평면으로 볼 때). 그런데 그런 경기장이 아닌 곳에서 한국의 딸들이 상위권을 휩쓰는 분야가 있다. 바로 박세리, 미셸 위, 김미연 등 여자 프로 골퍼들이 활약하는 골프이다. 구기 종목이나 체조 경기는 모두 경기장의 바닥이 평평한 바닥이어야 하지만 골프장은 예외다. 평평한 잔디 위에 깃대가 꽂혔다면 직선이 평면에 수직인 경우지만, 보통은 구릉진 언덕 위에 꽂혀 있다. 문제는 직선과 평면이 수직일 때를 수학에서는 어떻게 엄밀하게 정의하느냐다.

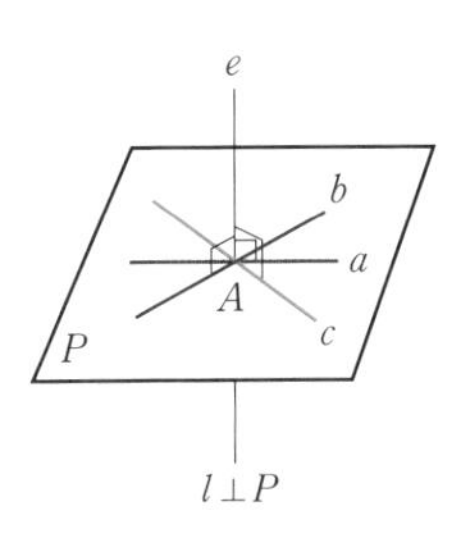

직선 l이 평면 P와 점 A에서 만난다고 하자. 이때 평면상에는 점 A를 지나는 직선이 무수히 많다. 왜 무수히 많으냐고? 평면이란 무수히 많은 직선의 모임이니까……. 그

런데 점 A를 지나는 직선을 무수히 많이 그으면 정신이 산란하니 3개만 그어 보자 자, 이름 하여 a, b, c라고 한다. 그런데 지금부터가 진짜 중요하다. 직선 l이 직선 a하고도 수직으로 만나고, 직선 b하고도 수직이고, 직선 c하고도 수직일 때…… 비로소 직선 l은 평면 P와 수직이라고 하며 $l \perp$P라고 쓴다. 그리고 직선 l을 평면 P와 수직인 직선이므로 수선이라고 부른다. 이처럼 수학은 학문 중에서 가장 논리적이고 엄밀하다.

Tip

직선 l이 점 A를 지나는 평면 P 위의 모든 직선과 서로 수직일 때, $l \perp$P 이고 l은 P의 수선이다.

따라서 다음의 직육면체에서 직선 l은 면 ABCD와 점 C에서 만나고, 점 C를 지나는 $\overleftrightarrow{BC}$, $\overleftrightarrow{CD}$와 각각 수직이다. 그러므로 직선 l은 면 ABCD와 수직이다.

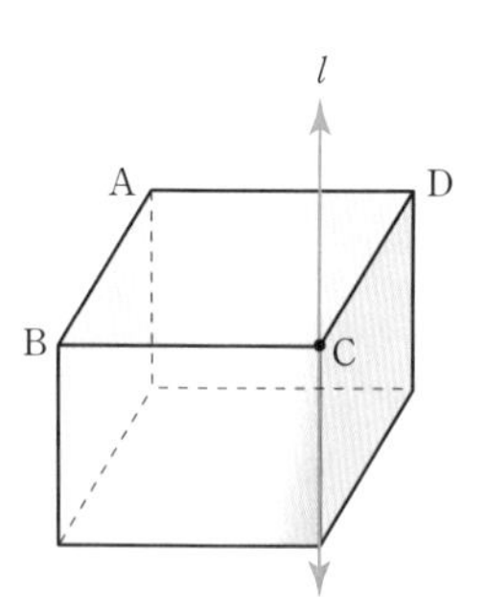

4 별은 오목할까, 볼록할까?
– 오목 다각형과 볼록 다각형

삼각형이란 변이 3개인 다각형이다. 물론 변이 4개면 사각형, 5개면 오각형이다. 그런데 다각형은 볼록 다각형과 오목 다각형으로 나뉜다. 오목과 볼록을 나눈다는 것 자체가 어떤 관점에서 보느냐의 문제다. 여성의 가슴은 흔히 볼록하다고 생각하지만 피카소 같은 입체파 화가는 오목으로 인식했다. 1980년대 초 한국에 피카소의 도예 작품이 전시되었을 때였다. 우리네 식탁에서 흔히 사용하는 하얀 국대접 모양의 도예 작품 2개가 나란히 놓였는데, 오목한 정점에 까만 점을 콕! 찍어 놓은 것을 피카소는 '가슴'이라고 명명해 놓았다. 고정관념을 깨뜨리는 데 일인자였던 피카소의 작품은 필자에게 매우 충격적이었다. 오목과 볼록에 대한 고정관념이 여지없이 깨진 것이다. 오목과 볼록은 생활 속에서 생각하는 이의 관점에 따라 얼마든지 마음대로 표현될 수 있다. 하지만 수학은 엄밀하게 규정하는 약속과 논리적인 형식을 갖추어야 한다. 이러한 점이 다른 학문과 수학의 차이점이다.

수학에서는 오목과 볼록을 어떻게 정의할까? 오목과 볼록을 구별하는 방법은 다음과 같다. 우리는 흔히 다각형 하면 볼록 다각형만 생각하지만 엄격하게 말하면 오목 다각형과 볼록 다각형으로 구별된다. 삼각형은 볼록인 경우밖에 없지만(왜 그럴까?) 사각형, 오각형 등은 다음과 같이 오목한 경우와 볼록한 경우가 생긴다. 임의의 두 점을 찍은 후, 두 점을 이었을 때 선분이 다각형 안쪽에 놓이면 그 도형은 볼록이고, 선분이 다각형 바깥쪽을 지나면 오목이라고 한다. 그러므로 어떤 두 점을 연결해도 그 선분이 도형 밖으로 나가지 않는 삼각형은 오목과 볼록으로 구별되지 않는 다각형인 셈이다.

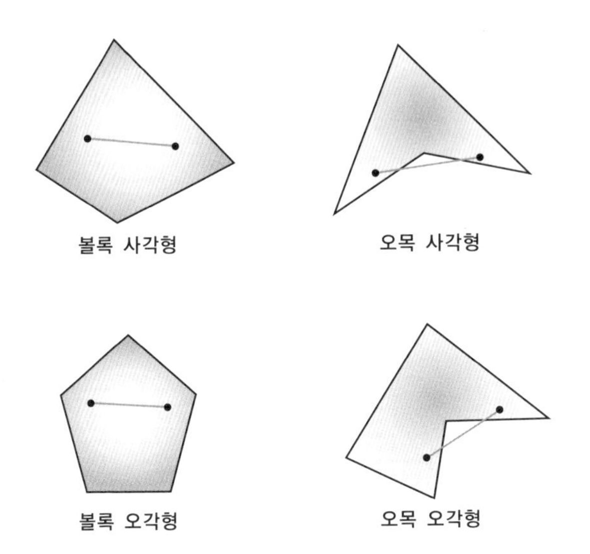

다음과 같은 삼각형 KBS가 있다고 하자. 수학에서는 흔히 △KBS라고 표시하면서 ∠K와 마주 보는 변 BS를 ∠K의 대변, ∠K를 변 BS의 대각이라고 부른다. 대변 하니까 소변 생각이 나서 낄낄거리는 소리가 저쪽에서 들리지만 마주 대한다는 뜻의 대변임을 기억하자.

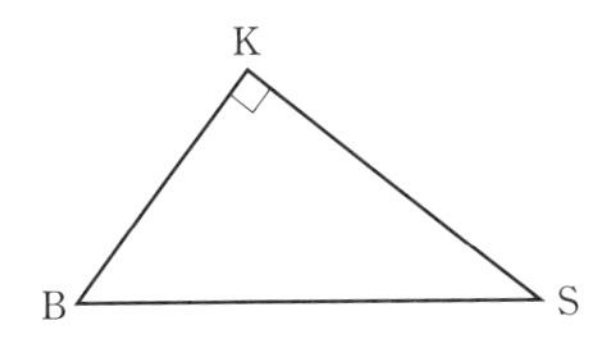

삼각형에서 아주 아주 중요한 원리 중 하나가 바로 △KBS에서 $\overline{KB}+\overline{KS}>\overline{BC}$라는 사실이다. 이는 수학에서 '삼각부등식'이라고 부르는 유명한 공식이다. 머리 아프게 암기할 필요 없다. 인간보다 열등한 동물들도 이 원리쯤은 다 아는 사실이니까 말이다.

예쁜 애완용 강아지한테 맛있는 고기를 던져 주었을 때 직선으로 뛰어가지 옆길로 빙 돌아서 달려가는 강아지는 없다. 하지만 요즘같이 빨리 변하고 어지러운 세상에서는 이 사실이 평범하고 지극히 정상적인 강아지에게 해당하는 것 같다. 간혹 영재 교육을 받은 강아지는 주인에게 한 번 들러서 얼굴을 쳐다본 뒤 허락 신호를 받고서야 맛있는 고기가 있는 곳으로 달려가기도 한다니까.

요즘은 가족의 형태가 핵가족의 시대도 지나 청년과 노인을 가리지 않고 싱글족이 늘어나고 있다. 애완견을 기르는 가정이 많아 강아지를 자식처럼 생각하는데, 새끼를 낳을 때면 힘들까 봐 건강보험의 혜택도 없는 제왕절개 수술을 시키고, 죽으면 많은 돈을 들여 장례식을 치르거나 개에게 유산 상속까지 해주는 기상천외한 뉴스들이 나오기도

한다. 또한 개도 늙으면 사람처럼 고혈압이나 치매 등의 병이 걸리기도 하는 희한한 세상이기도 하다. 아무튼 21세기형 영재 교육을 받지 않은 평범한 동물은 모두 생존을 위해 삼각부등식을 실천하면서 살아가고 있다.

그런데 이 삼각부등식은 삼각형이 성립하는 조건으로 아주 중요하다. 가령 5cm, 6cm, 12cm의 막대가 있다면 삼각형이 만들어지겠는가? 아니다. 5cm와 6cm를 합하면 11cm이므로 12cm보다 작아서 삼각형이 만들어지지 않는다. 반드시 짧은 두 변의 합이 가장 긴 다른 한 변보다 길어야 하는 것이다. 따라서 3cm, 5cm, 7cm의 세 막대가 있다면 3cm+5cm>7cm이므로 삼각형이 만들어진다.

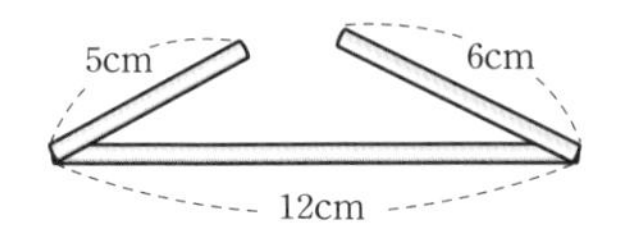

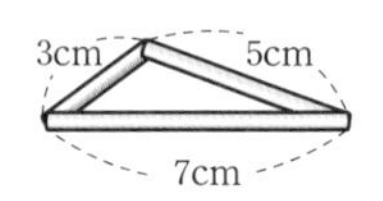

삼각형에서 특별히 두 변이 같은 삼각형을 이등변 삼각형이라 하고, 세 각 중 한 각이 직각인 삼각형을 직각 삼각형이라 하는 건 모두 아는 기초 중의 기초니까 이제 한 가지만 더 이야기하고 이 절을 끝내겠다.

삼각형은 어떨 때 만들어질까? 물론 삼각형을 보면 3개의 변과 3개의 각이 있다. 하지만 중요한 것은 6개의 조건으로 삼각형을 만들 수도 있고, 5개 또는 4개, 아니 3개의 조건으로도 삼각형을 만들 수 있다는 것이다. 똑같은 재료로 요리를 할 때는 가장 맛있게 하는 사람이 요리 솜씨가 훌륭한 것이고, 똑같은 디자인의 옷을 만들 때는 가장 옷감을 적게 쓰는 것이 경제적이다. 수학이나 컴퓨터 프로그램에서는 풀이 과정이 짧을수록, 또한 조건이 적을수록 아름답고 의미가 있는 것이다. 그러므로 삼각형의 결정 조건으로는 다음을 기억해야 한다. 즉, 3가지로 충분하다.

① 세 변의 길이를 알면 삼각형이 결정된다.

② 두 변의 길이와 그 끼인각의 크기를 알면 삼각형이 결정된다.

③ 한 변의 길이와 그 양끝 각의 크기를 알면 삼각형이 결정된다.

5 복사기에 내 손을 넣으면?
-합동과 닮음

'똑같다' 라는 개념은 인간의 인지 발달 과정에서 맨 처음 생기는 것 같다. 돌이 지나 그림책을 보기 시작한 아기들은 엄마가 과일을 깎을 때 똑같은 과일 그림을 그림책에서 찾아내기도 하고, TV에서 본 동물을 동물원에서 실제로 보면 흥분하여 소리를 지르기도 한다. 물론 이때는 이미지로서 똑같은 것이다. 고대 그리스인들은 평면의 두 도형이 똑같아서 포개지는 경우를 합동이라고 하면서, 어떤 경우 두 삼각형이 합동이 되는가를 열심히 탐구했다.

삼각형 A와 B가 합동이라 할 때는 A를 손으로 집어서 B 위에 포개어 놓을 수 있을 때다. 즉, 손에 의한 조작이라는 개념이 전제인 평면기하학이므로 만지는 기하(tactile

geometry)라고 할 수 있다. “선생님! 그럼 만지지 않는 기하학도 있나요?” 물론이다. 눈으로 보는 시각적 개념이 전제인 기하학이 르네상스 때부터 시작되었는데, 이것을 필자는 보는 기하(visual geometry)라고 부른다. 요즘 학생들이 좋아하는 단어 visual에다 geometry를 붙인 것인데, 수학에서 공식적인 명칭은 사영기하학(perspective geometry)이다. 자! 삼각형 2개가 합동인 조건은 무엇일까? 앞에서 이야기한 삼각형의 결정 조건을 되새김해 보자. 소나 말도 아닌데 웬 되새김이냐고 딴죽 거는 친구들도 있지만 학습에서 가장 중요한 것은 반복 또 반복이다.

〈삼각형의 결정 조건〉

① 세 변의 길이를 알 때

② 두 변의 길이와 그 끼인각의 크기를 알 때

③ 한 변의 길이와 그 양끝 각의 크기를 알 때

〈삼각형의 합동 조건〉

① 대응하는 세 변의 길이가 각각 같을 때(SSS 합동)

② 대응하는 두 변의 길이가 각각 같고, 그 끼인각의 크기가 같을 때(SAS 합동)

③ 대응하는 한 변의 길이가 같고, 그 양끝 각의 크기가 각각 같을 때(ASA 합동)

복잡하게 SSS, SAS, ASA까지 외워야 하냐고 투덜대는 학생들이 있는 것 같은데 원리를 알면 금세 쉬워지니 조금만 참자. 영어로 변은 side, 각은 angle이므로 세 변의 길이는 SSS, 두 변과 끼인각은 SAS, 한 변과 양끝 각은 ASA로 암기하기 좋게 한 것이다. 여러분 머리를 복잡하게 하려는 게 아니고 간편하게 하려고 한 것이니 믿고 활용하기 바란다. 자, 정리하자면 삼각형의 합동 조건은 3개면 충분하다.

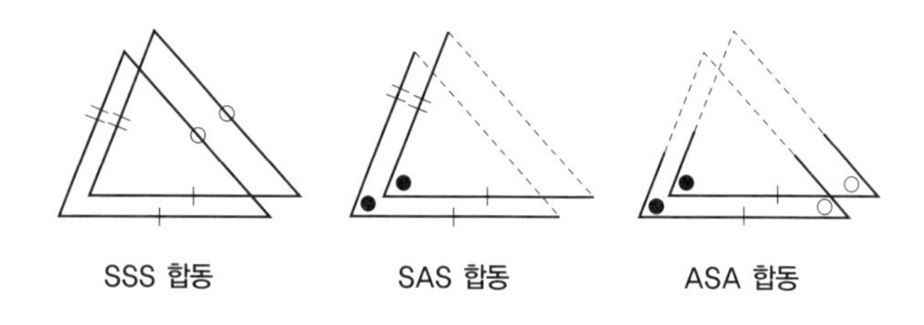

우리 주변에서 합동인 도형을 찾아보자. 복사기는 100%로 맞추면 똑같은 크기의 합동인 도형을 재생해 준다. 하지만 배율을 100이 넘는 120%로 맞추면 100 : 120, 즉 1.2배로 확대하고, 90%로 조정하면 0.9배로 축소한다. 수학에서 1 : 1의 배율은 합동이라 하고, 확대와 축소를 닮음이라 한다.

똑같은 도형의 확대와 축소로 재생과 반복을 평생 한 미술가가 있으니 네덜란드의 판화가 에셔(Escher)다. 그는 스페인의 알함브라 궁전을 보고 빈틈없는 벽면의 장식에서 아름다움을 느낀 뒤 평생을 바쳐서 테셀레이션 작업을 한 천재다.

테셀레이션(tessellation)이란 쉬운 말로 타일 붙이기인데, 여러분 집의 욕실이나 주방의 타일이 바로 테셀레이션이다. 다시 말하면 테셀레이션은 똑같은 도형으로 평면을 빈틈없이 메우는 것을 말한다. 자! 그럼 정삼각형이나 정사각형으로 테셀레이션이 가능할까? 정삼각형의 한 내각은 $60°$인데 $60° \times 6 = 360°$이므로 정삼각형이 6개 있으면 평면을 빈틈없이 메울 수가 있다. 그러면 정사각형은 몇 개가 있어야 평면을 메울 수 있을까? 맞다. 4개다. $90° \times 4 = 360°$이기 때문이다.

다음은 정오각형 차례다. "선생님! 정오각형으로는 테셀레이션이 안 되나요?" 훌륭한 질문이다. $360° \div 108°$는 나누어 떨어지지 않는다. 수학에서 이러한 테셀레이션 연구는 최근 각광받는 네트워크 이론에 매우 중요한 분야라는 것만 알아 두고, 우리는 이제 다음으로 진도를 나가자.

'수학은 아름다운 것' 이라고 생각하는 필자에게 필자의 딸은 늘 '수학은 머리에 쥐 나게 하는 것' 이라고 딴죽을 걸지만 여러분은 에셔의 작품을 보면서 아름다움을 느낄 것이다. 다음의 테셀레이션은 필자가 가르치는 고신대학교 정보미디어학부 학생들이 컴퓨터기하학 시간에 작도한 것들이다. 반복과 재생 속에서 아름다운 자태를 연출하고 있다.

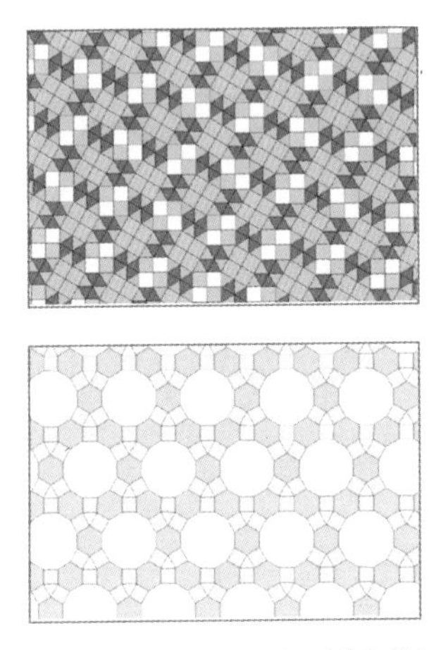

다각형으로 만든 아름다운 테셀레이션

또한 뒷장의 것은 미국 고등학생들의 작품을 보고서 우리 학생들이 컴퓨터 기하 프로그램인 GSP(Geometer's SkechPad)로 작도한 테셀레이션인데, 고양이와 돼지가 웃는 모습이 재미있다. 고양이는 정육각형을 기본 도형으로 머리와 목이 서로 맞물리게 디자인했고, 돼지는 정사각형을 기본 도형으로 하체의 발과 상체의 머리 부분이 맞물

리게 했다. 한 마리만 꼼꼼하게 작도하여 평행 이동으로 반복과 재생을 한 것이다.

웃고 있는 고양이 테셀레이션

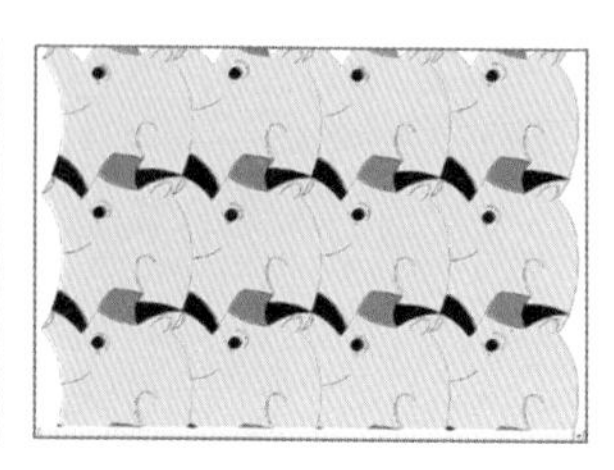

귀여운 돼지 테셀레이션

에셔의 작품은 수학자들이 가장 사랑하는 예술품이라 할 수 있는데, 일본의 후쿠오카에 있는 '하우스텐보스'에서 에셔의 아름다운 테셀레이션 걸작들을 입체 영화로 볼 수 있다. 필자도 그곳에서 에셔의 팬으로서 행복을 느낀 적이 있었다.

III 도형의 성질

III 무한을 향한 끊임없는 질주

유한한 세계에 살고 있는 인간이 무한에 대한 생각을 하기 시작한 건 언제부터일까? 2008년 4월 8일은 대한민국의 딸 이소연이 우리나라 최초로 우주여행을 떠난 기념비적인 날이다. 자랑스럽고 대견한 일이며 우리나라가 그만큼 성장하여 선진국의 대열에 섰다는 증거로 볼 수 있겠다. 지구를 떠나서 우주로의 여행을 꿈꾸는 인간의 욕망을 달리 말하자면, 유한한 생을 살아가는 존재(인간)의 무한에 대한 도전이라고 말할 수 있다. 학문 중에서 무한의 개념을 다루는 학문은 유독 수학뿐이다.

고대 그리스 시대에 유명했던 패러독스(역설)의 예에는 다음과 같은 문장이 있다. "아킬레스는 절대 거북이를 따라잡지 못한다. 아킬레스가 거북의 위치에 도달하면 거북은 조금이나마 앞으로 나가 있기 때문이다." 또 "화살은 날 수 가 없다. 시간을 불연속적인 각 순간의 합으로 생각한다면, 공간도 불연속적인 점의 집합으로 되기 때문이다." 혹시 지금 고개를 끄덕이는 학생이 있는 건 아니겠지? 자, 정신 차리고 여러분이 알고 있는 상식을 동원해 봐라. 어떤가. 모순이 느껴지지? 이 같은 문장을 통해서 우리는 무한을 회피하고 두려워하는 그리스인들의 공포심을 눈치챌 수 있다.

무한에 관한 유명한 예가 또 있다. 우리가 잘 알고 있는 위대한 수학자이자 철학자인 아르키메데스는 전 세계에 흩어져 있는 모래알의 수를 계산하기 위해 놀라운 발상을 해냈다. 당시에만 해도 1만 이상의 수를 표현하지 못했는데, 그는 수의 영역을 엄청나게 확장시킨 것이다. 그는 1만의 1만 배, 즉 $10000 \times 10000 = 10^8 = 1$억을 최초의 오크타드(octad) 수라고 칭하고, 1억의 1억 배, 즉 $10^8 \times 10^8 = 10^{16}$을 제2의 오크타드 수라고 명명하면서 계속 확장을 해나갔다. 마침내 그는 $10^{8 \times 10^8}$까지 확장하였고, 이를 최초의 페리오드(period) 수라고 불렀다. 그러면 제2의 페리오드 수도 있을까? 그렇다. 있다. 그것은 최초의 페리오드 수 ($10^{8 \times 10^8}$)에다

10^8을 곱한 $10^8 \times (10^{8\times10^8})$이고, 똑같은 논리로 제2의 페리오드 수에다 10^8을 곱한 것이 제3의 페리오드 수가 된다. 그러므로 제3의 페리오드 수는 $10^{16} \times (10^{8\times10^8})$이 되는 것이다. 이런 논리를 지속하면 수가 무한히 확장되는데, 아르키메데스는 지구 안에 있는 모래알의 수를 제2의 페리오드 수 안에서 10^{51}보다 적은 수라고 추청을 했다. 아무튼 이런 발상은 개념상으로는 유한이지만 무한에 대한 인간 본능의 질주라고 여겨진다.

전지전능한 여호와를 믿는 유대인들에 의해 무한의 개념은 중세 유럽에 기독교 신학자들에게 전달되었고, 특히 철학자 어거스틴은 무한과 그 본질에 대한 개념을 학문적으로 발전시켰다. 그 후 수학자들은 오랜 시간 무한에 대한 질주를 하여 칸토어에 이르면 자연수나 유리수 집합은 무한이지만 '셀 수 있는 무한'이고, 무리수와 실수는 '셀 수 없는 무한'이라는 식으로 구분하기에 이르렀다. 수학자들이 연역과 추론의 방법으로 무한을 추구하였다면, 미술가들은 그림으로 또는 다양한 디자인으로 무한의 개념을 시각적으로 표현하여 왔다.

재미교포인 Scott Kim의 작품

위 그림은 1981년에 만들어진 재미교포인 스콧 김(Scott Kim)의 작품이다. '무한대' 라는 뜻의 영어 글자 infinity를 원 모양으로 디자인하였는데, 글자가 안에서 읽어도 바깥에서 읽어도 같은 형태로 보이는 것이 매우 특이하다. 그는 글자를 그래픽 아트의 장르로 발전시킨 인물이다. 무한대의 글자라도 디자인하고픈 욕망이 곧 인간만의 창조력으로 승화되어 나타난 것이 아닐까?

1 삼각형과 원을 이어 주는 점 하나

- 내심과 외심

다각형 가운데 가장 기본인 삼각형은 우리 생활 곳곳에서 그 위력을 과시하고 있다. 야외용 버너나 카메라의 지지대는 모두 다리가 3개인 삼발이다. 삼발이는 울퉁불퉁한 곳에서도 다리 3개로 척척 자기 임무를 해내는 용한 재주가 있다. 사각형은 불안정성이 있는 데 비해 삼각형은 안정성이 있기 때문이다. 건축에서도 삼각형은 위력을 발휘한다. 철골 삼각형은 강도의 우수성이 입증되어 프랑스 파리에 있는 루브르 박물관의 입구로 지어진 유리 피라미드를 구성하고 있다. 그 유리 피라미드는 삼각형 유리 60개와 마름모 유리 603개로 되어 있는데, 철골로 된 마름모 유리 테두리도 실은 삼각형 2개를 합한 도형이므로, 결국 다각형 중에서 삼각형은 기본 중의 기본이라 말할 수 있다. 하지만 사각형이 불안정하다고 왕따인 것은 결코 아니다. 지그재그형의 철문은 평행사변형과 마름모로 구성되는데, 사각형은 각 변의 길이가 달라지지 않고서도 모양이 변할 수 있다는 점에서 마찬가지로 장소에 따라 효용성이 높다.

루브르 박물관의 유리 피라미드

삼각형 안각의 합이 180°라는 사실은 고대 그리스의 수학자 탈레스가 이미 증명한 것인데, 우리는 그 사실을 간단하게 색종이로 체험 학습을 해 보자. 고사성어에 '백문(百聞)이 불여일견(不如一見)'이라는 말이 있다. 즉, 백 번 듣는 것보다 한 번 눈으로 보는 것이 낫다는 이야기다. 이 말을 필자의 딸은 한술 더 떠서 '백견(百見)이 불여일식(不如一食)'이라 활용하면서 피자나 치킨 광고지를 보여 주며

사 달라고 조르기 일쑤다. 즉, 백 번 보는 것보다 한 번 먹는 것이 낫다는 말이다. 이렇게 듣는 것보다는 보는 것이 낫고, 보는 것보다는 먹어 보는 것이 낫듯, 필자는 보는 것보다 일단 만들어 보는 것을 좋아한다. 손으로 직접 만들어 보면 우리 뇌에 훨씬 오랫동안 저장되기 때문이다. 먼저 색종이를 삼각형 모양으로 오린다. "선생님! 꼭 색종이로 해야 돼요? 하얀 종이는 안 돼요?"라고 수업 분위기 흐려 놓는 친구들이 종종 있는데 기왕이면 예쁜 색종이로 하고 싶은 필자만의 취향이다. 색종이도 단면 색종이가 아닌 양면 색종이가 더 예뻐서 필자는 양면을 선호한다.

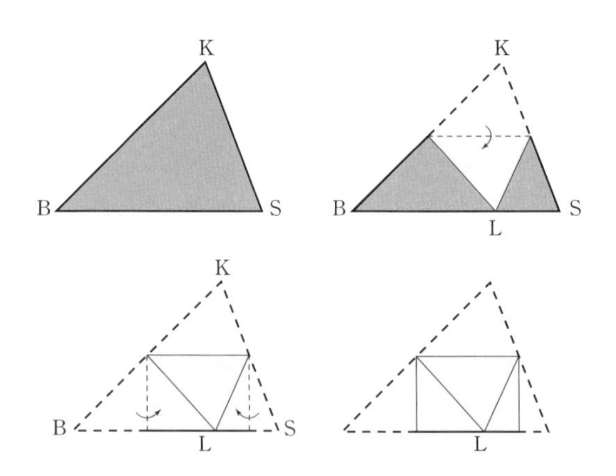

삼각형의 꼭짓점을 K, B, S라 하자. 일단 삼각형을 만

들었으면 꼭짓점 K를 밑변 $\overline{BS}$와 만나게 접는데, 이때 접히는 선은 $\overline{BS}$와 평행이 되어야 한다. 이렇게 해서 만나는 교점을 L이라 하자. 다음에는 오른쪽 꼭짓점 S를 점 L과 만나게 접고, 다시 왼쪽 꼭짓점 B를 점 L과 만나게 접으면 상황 끝이다. 임의의 삼각형 KBS에서 세 안각의 합이 점 L을 중심으로 $\overline{BS}$에 겹쳐졌으니 안각의 합이 180°인 것이 증명된다. 여기서 한 가지 또 확인할 일이 있다. 여러분은 삼각형의 넓이는 '밑변×높이÷2'라고 달달 외운 적이 있을 것이다. 이 색종이 삼각형에서 밑변 $\overline{BS}$의 길이를 a라고 하고, 높이인 $\overline{KL}$의 길이를 b라 하면, 접힌 사각형의 넓이는 삼각형 넓이의 딱 반이 된다. 따라서 사각형의 넓이가 '가로×세로'인데 가로와 세로가 각각 a와 b의 절반이므로 $\frac{1}{2}a \times \frac{1}{2}b$가 되어 $\frac{1}{4}ab$가 되며, 삼각형의 넓이는 그 2배이므로 $\frac{1}{2}ab$가 되는 것을 확인할 수 있다.

삼각형에는 여러 가지 재미있는 성질이 숨어 있다. 그중 내심과 외심, 무게중심은 특히 중요하다. 내심(內心)이란 각의 이등분선들의 교점으로, 여기서도 색종이 체험 학습으로 개념을 확실히 해 두자. 다음은 자와 컴퍼스로 내심을 구하는 작도 순서다. 고대 그리스인들은 작도를 할 때, 길이를 알 수 없는 자, 즉 눈금 없는 자의 사용을 고집했다. 계산을 무가치하게 여긴 그들의 이데아 철학과 가치관의 영향이었다. 우리도 그네들의 전통을 따라, 기하학의 작도란 모조리 눈금 없는 자와 컴퍼스를 사용하는 것으로 받아들인다. 왜 그렇게 해야 하느냐고 볼멘소리를 하는 친구가 있는데, 그럼 어쩌란 말이냐? 기하학의 기원을 그들이 만들었기 때문인 것을!

자, 자, 삼각형 KBS에서 점 B를 중심으로 임의의 길이를 두고 컴퍼스로 원을 긋는다. 이때 원이 완전히 그려지게 컴퍼스를 돌릴 필요는 없다. 그림처럼 일부분만 그리고서 교점 L과 M이 생기면 L을 중심으로 ②와 같은 호를 그리고 다시 M을 중심으로 ③의 호를 작도한다. 물론 컴퍼스의 길이를 ①과 ②를 작도할 때 다르게 해도 좋고, 같은 길이로 해도 좋다. 하지만 ②와 ③은 같은 길이의 컴퍼스로 작도해야 한다. 그러면 두 호가 만나면서 교점 N이 생긴다. 꼭짓점 B와 교점 N을 이으면, 이 직선이 곧 ∠B의 이등분선이 되는 것이다. 마찬가지 방법으로 꼭짓점 S를 중심으로 각의 이등분선을 그을 수 있고, 또 ∠K의 이등분선도 가능하다. 이론적으로는 세 각의 이등분선의 교점이 삼각형 KBS의 내심 I가 되는 것인데, 현실적으로는 이등분선 2개만 있어도 내심이 된다. 나머지 하나도 역시 그 점에서 만나니까 말이다.

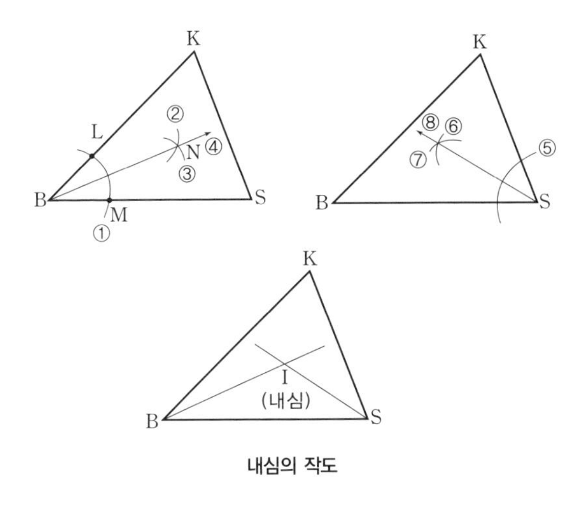

내심의 작도

위와 같이 컴퍼스와 자를 사용하여 내심을 작도했더니 컴퍼스는 모두 여섯 번 사용하고 자는 두 번 사용했다. 하지만 색종이로 접으면 간단하게 두 번이면 된다.

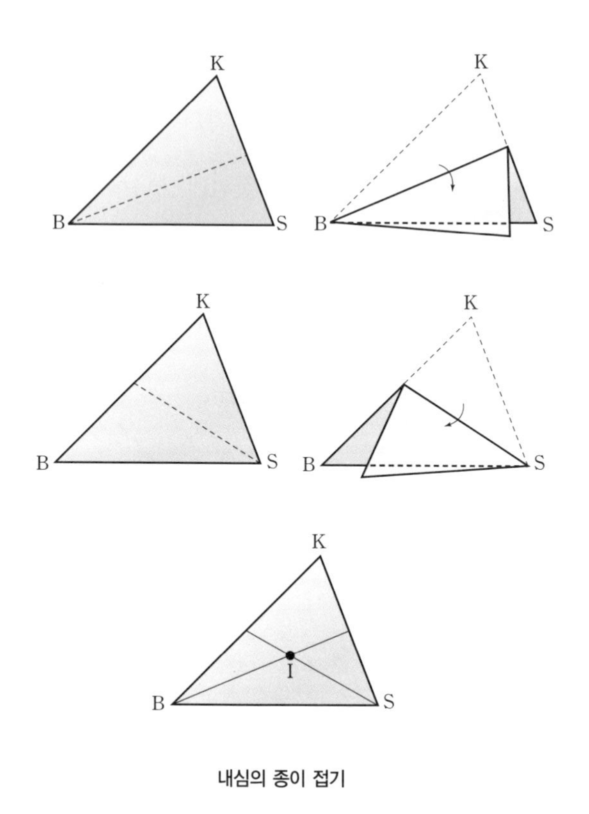

내심의 종이 접기

그림처럼 삼각형 KBS를 점 B를 기준으로 변 $\overline{BK}$와 $\overline{BS}$가 포개지게 접은 뒤, 접힌 직선에 자를 대고 연필로 긋는다. 다음에는 $\overline{KS}$와 $\overline{BS}$가 포개지게 접었다가 펼친 뒤 접힌 직선을 그으면 상황은 끝난다. 두 직선의 교점이 내심이니까. 훨씬 간단한 것을 알겠지? "선생님! 그라믄 삼각형

의 내심이 뭐 그리 중요합니까?"라고 묻는 친구들이 있다. 삼각형에서는 내심에서 각 변까지의 거리가 모두 똑같아서 그 점을 중심으로 원을 그릴 수 있는데, 이 원을 내접원이라고 한다. 즉, 내심 I에서 세 변까지 수직인 직선을 그어 그 교점을 A, B, C라고 할 때 선분 $\overline{IA}$, $\overline{IB}$, $\overline{IC}$의 거리가 일정하므로 점 I를 중심으로 원을 작도할 수 있게 되고, 이 원이 내접원이 된다.

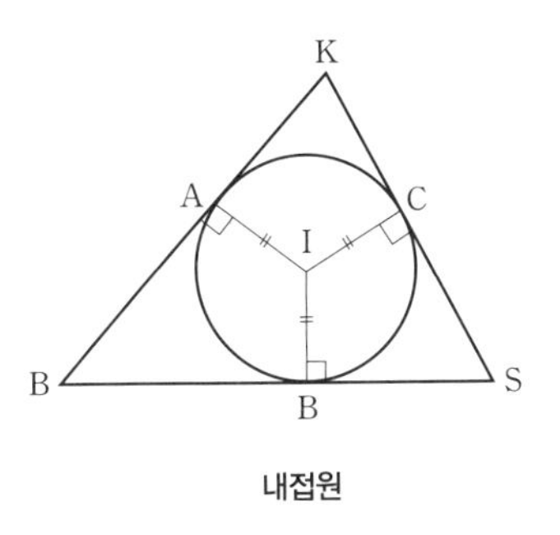

내접원

내심을 설명하니까 이번에는 외심도 설명할 거냐고 묻는 친구들이 있다. 물론 외심도 선생님이 색종이로 구할 거다. 복습 삼아서 내심은 각의 이등분선들의 교점이었음을 다시 한 번 말한다. 그렇다면 삼각형에서 각이 아닌 것을 생각한다면 무엇을 생각할 수 있을까? 맞다! 변이다. 화장

실과는 전혀 상관없는 변이다. 오버하지 말기 바란다. 그러니까 외심(外心)이란 변의 수직이등분선들의 교점이다. 자, 삼각형 KBS가 있다고 하자. 변 $\overline{BS}$의 수직이등분선을 작도하려면 컴퍼스를 가지고 임의의 길이로 점 B를 중심으로 호 ①을 그리고, 점 S를 중심으로 호 ②를 그린다. 그러면 교점이 2개 생기는데 이 두 점을 이은 직선 l이 변 $\overline{BS}$를 수직으로, 또 반으로 나누었기 때문에 수직이등분선이라고 부른다. 마찬가지 방법으로 변 $\overline{KS}$의 수직이등분선 m을 작도하면 l과 m의 교점이 생기는데 이 점이 외심이다. 여기서도 이론적으로는 수직이등분선 3개의 교점이 외심이건만 2개로 충분하다. 나머지 직선 역시 같은 점에서 만나니까……. 외심을 구하는 것도 선생님이 좋아하는 색종이 접기로 안 할 수 없겠지?

먼저 색종이로 삼각형 KBS를 오린 뒤 밑변을 반으로 접는다. 어떻게 하느냐고? 그림처럼 꼭짓점 B와 S를 포개면 된다. 접었다가 펼친 뒤 접힌 선 l을 연필로 긋는다. 다음에는 꼭짓점 K와 S를 그림처럼 포갰다가 접힌 선 m을 긋는다. l과 m의 교점이 외심이 된다. "자, 외심을 구했으

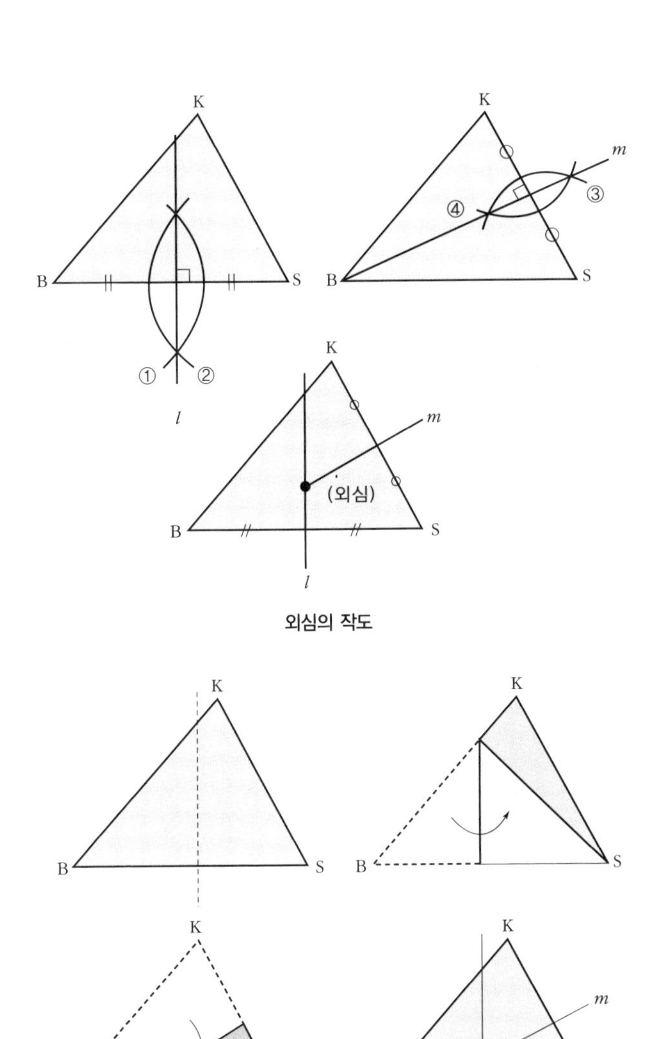

외심의 작도

외심의 접기

니 외심을 가지고 무슨 원을 그을 수 있을까?" 맞다. 이번에는 외접원이다. 아까 내심에서는 삼각형의 세 변까지 거리가 같았는데, 외심에서는 삼각형의 세 꼭짓점까지 거리가 같다. 즉, 외심 O에서 꼭짓점 K, B, S까지 거리가 일정하기 때문에 선분 $\overline{OK}$, $\overline{OB}$, $\overline{OS}$의 길이가 모두 똑같고, 또한 점 O를 중심으로 $\overline{OK}$가 반지름인 원을 그릴 수 있다 이 원을 외접원이라고 부른다.

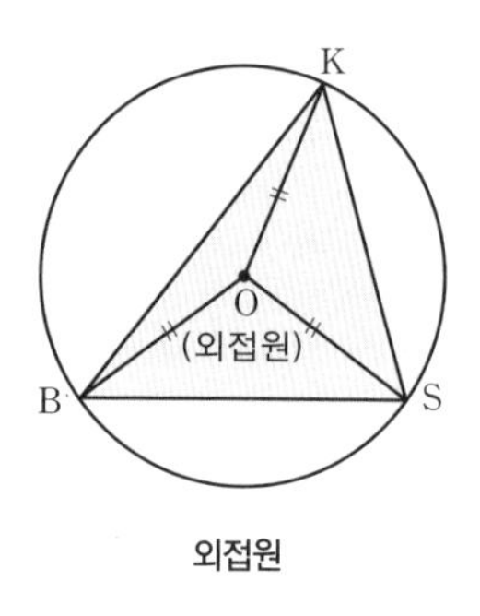

외접원

"선생님! 한 가지 이상한 사실을 발견했어요. 왜 내접원은 각을 이등분해서 구한 내심에서 변까지 수직거리가 같고, 외접원은 변의 수직이등분선으로 구한 외심에서 꼭짓점까지 거리가 같아요? 뭔가 대칭은 아니지만 각과 변이란 단어가 서로서로 뒤바뀌는 것을 느껴요!" 아~ 수학의 영재

들이여, 복 있을지어다! 그게 뭔 말이냐고 아리송한 표정을 짓는 친구들이 있으니 선생님이 다시 한 번 차근차근 설명을 하겠다. 다음과 같이 표를 만들어서 보면 한결 정리가 되는 것 같다!

내심	외심
각의 이등분선의 교점	변의 수직이등분선의 교점
내심에서 변까지 수직거리가 일정	외심에서 꼭짓점(각)까지 거리가 일정
내접원	외접원

센스 있는 친구들은 약간 감이 잡힐걸! 이처럼 각과 변이라는 단어가 서로 뒤바뀐 것 같은 성질이 수학, 특히 기하학에 많은데, 이를 어려운 말로 쌍대성이라 부른다. "선생님! 아인슈타인의 상대성하고 같은 성질이라는 겁니까?" 아인슈타인의 유명한 물리학의 성질은 상대성(相對性)이고 이것은 쌍대성(雙對性)인데, 영어로는 duality다. 여기서 잠깐만 소싯적 초등학교 때부터 알아 온 단어들로 생각을 해 보자. "남자의 반대말은 여자일까?" 아니다. 여자는 남자의 반대말이 아니다. 아기가 태어날 때 남자 아니면 여자로 태어나니까 여자의 반대말은 남자라고 생각하기 쉽다.

하지만 성전환 수술을 하기 전의 트랜스젠더를 떠올리면 정말 여자의 반대말은 남자가 아니다. 이 말이 잘 이해 안 되는 사람은 '덥다'와 '춥다'의 개념을 생각해 보자. "'덥다'의 반대말은 '춥다'일까?" 아니다. 에어컨, 선풍기, 온풍기 등 다양한 냉난방 기구를 사용하다 보면 인간이 느끼는 추위와 더위의 차이란 것이 아주 미묘하다는 것을 인식하게 된다. 그래서 나온 이론이 수학의 퍼지 이론이다. 퍼지(fuzzy)는 우리나라 가전제품 시장에서 한때 대단히 유행을 한 단어인데, 우리나라와 세계 곳곳에 학회가 만들어져 활발히 연구되고 있다.

Tip

FUZZY란?

퍼지 이론은 1965년 미국 버클리 대학교의 자데 교수가 창안한 퍼지 집합에서 시작된 이론이다. 원래 집합 개념의 잣대로는 '아름다운 여성들의 모임'이라든가 '눈이 큰 아이들의 모임'등은 인정되지 않는데, 자데 교수는 이러한 것을 퍼지집합이라고 명명함으로써 수학의 영역을 확장했다.
퍼지 이론은 참/거짓, on/off와 같은 흑백논리에서 참과 거짓 사이의 모호한 중간적 개념을 인정하는 인간 논리를 전개하는 수학의 분야이다.

자, 본론으로 돌아가자. '춥다는 것과 덥다는 것을 느끼는 온도차는 얼마일까?' 필자는 한여름에 연구실에 앉아 있을 때, 냉방의 온도를 섭씨 25도에 맞추어 놓으면 조금 있다가 곧 추워져서 26도로 올린다. 그것도 잠시, 금세 또 다시 더워지는 것을 느끼면서 온도 버튼을 조정하느라고 왔다 갔다 하기 일쑤다. 아마 대부분 비슷할 것이다. 이처

럼 사람은 아주 조금의 차이로 추위를 느끼기도 하고 더위를 느끼기도 한다. 이제 '춥다'는 '덥다'의 반대말이 아니라 서로 상대적인 개념이란 것을 알겠는가? 마찬가지로 여자와 남자는 반대말이 아니라 상대적인 개념이다. 정확한 비유가 아닐지라도 '쌍대'의 뜻을 설명하기 위한 배경 지식이라고 생각하자. 그러면 다시 내심과 외심을 살펴보자.

내심	외심
각의 이등분선의 교점	변의 수직이등분선의 교점
내심에서 변까지 수직거리가 일정	외심에서 꼭짓점(각)까지 거리가 일정
내접원	외접원

내심과 외심의 성질은 이처럼 각과 변이 서로 바뀌어 있는데, 이와 같은 성질을 수학에서는 쌍대성이라고 부른다. 쌍대성에 대하여 더 궁금해 견딜 수 없는 사람 있나? 그런 사람은 대학에서 수학을 전공하면 장래가 촉망되고 기대될, 수학에 소질 있는 학생이라고 말하고 싶다. 이 성질은 기하학의 세계에서 르네상스 시대를 지나 시각을 기초로 발전한 사영기하학에서 그 성질이 두드러지게 나타나는 재미있는 성질이다. 쌍대성의 성질이 있는 기하학에서는 하

나의 정리가 성립하면 쌍대성에 의해 나머지 정리는 증명이 필요 없음이 입증된다. 따라서 위의 두 성질을 놓고 볼 때 내심의 성질이 참이라면 외심은 쌍대성에 따라 증명할 필요 없이 참인 명제다. 증명 없이 얻어지는 성질이니 경제적인 것을 좋아하는 수학자들에게 이 얼마나 반갑고도 기쁜 일이겠는가?

2 엉덩이를 씰룩씰룩~ 펭귄의 무게중심은?
-무게중심

삼각형에서 내심과 외심 다음으로 중요한 것은 무게중심이다. 옆의 그림과 같은 삼각형 KBS의 무게중심을 작도해 보자. 무게중심을 설명하려면 우선 중점과 중선을 이해해야 한다. 삼각형에서 중선이란 꼭짓점에서 대변의 중점을 이은 선분을 말하며, 세 중선의 교점을 무게중심이라 한다. 그리고 중점(中點)이란, 말 그대로 꼭 반이 되는 중간의 점이다. 즉, 꼭짓점 K에서 대변 $\overline{BS}$의 중점인 P까지 그은 선분이 중선이다. 여기서 중선은 모두 몇 개일까? 꼭짓점 B에서 대변 $\overline{KS}$까지, 꼭짓점 S에서 대변 $\overline{KB}$까지 모두 3개의 중선을 그을 수 있다. 이때 역시 세 중선의 교점이 무게중심이지만 2개만 구해도 충분하다.

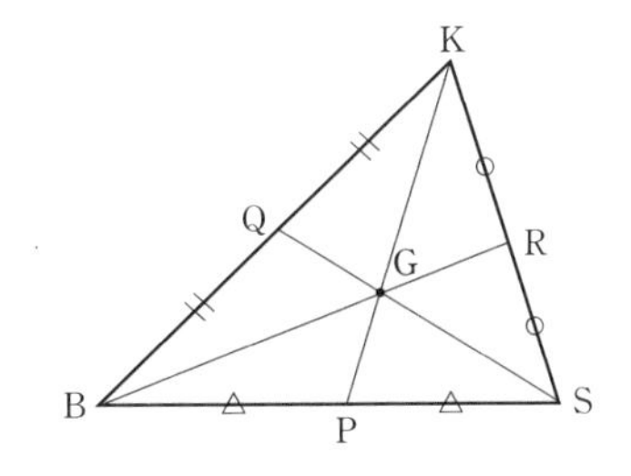

무게중심을 자와 컴퍼스로 작도하자면 먼저 중점을 찾아야 한다. 변 $\overline{BS}$의 중점은 어떻게 찾을까? 아까부터 자에는 눈금이 없다고 했지? 그러니까 길이를 재서 나눌 생각일랑 말아야겠지? 앞에서 한 작도를 잠시 되새겨 보자. 외심을 구할 때 변의 수직이등분선을 구한 것처럼 변 $\overline{BS}$의 수직이등분선을 작도한다. 컴퍼스를 몇 번 사용할까? 임의의 길이로 점 B를 사용해 한 번, 점 S를 사용해 한 번 사용한 뒤, 뒤의 그림처럼 교점인 L과 M을 이은 것이 $\overline{BS}$의 수직이등분선이니까 그 교점 P가 중점이다. 따라서 꼭짓점 K와 중점 P를 이으면 중선이 생긴다. 마찬가지 방법으로 꼭짓점 B에서, 그리고 꼭짓점 S에서 중선을 그을 수 있고 중선들의 교점인 중점을 얻을 수 있다.

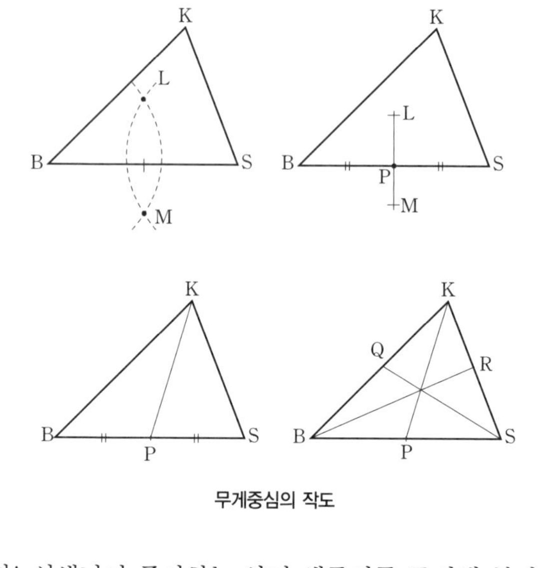

무게중심의 작도

자! 선생님이 좋아하는 양면 색종이를 준비해 볼까? 삼각형 KBS를 오린 뒤 꼭짓점 B와 S를 포개지게 접고서 접힌 선과 $\overline{BS}$의 교점을 P라고 하고, 이 점과 꼭짓점 K를 직선으로 접는다. 접힌 선이 결국 중선이다. 다음에 또 꼭짓점 K와 S를 포개지게 접고서 접힌 선과 $\overline{KS}$의 교점을 Q라고 하고, 이 점과 꼭짓점 B를 직선으로 접는다. 접힌 선은 또 다른 중선이 되면서 두 중선의 교점 G가 드디어 무게중심이 된다. 무게중심의 지점을 알면 삼각형뿐만 아니라 사각형, 오각형, 나아가서는 볼펜, 책, 필통, 쟁반까지

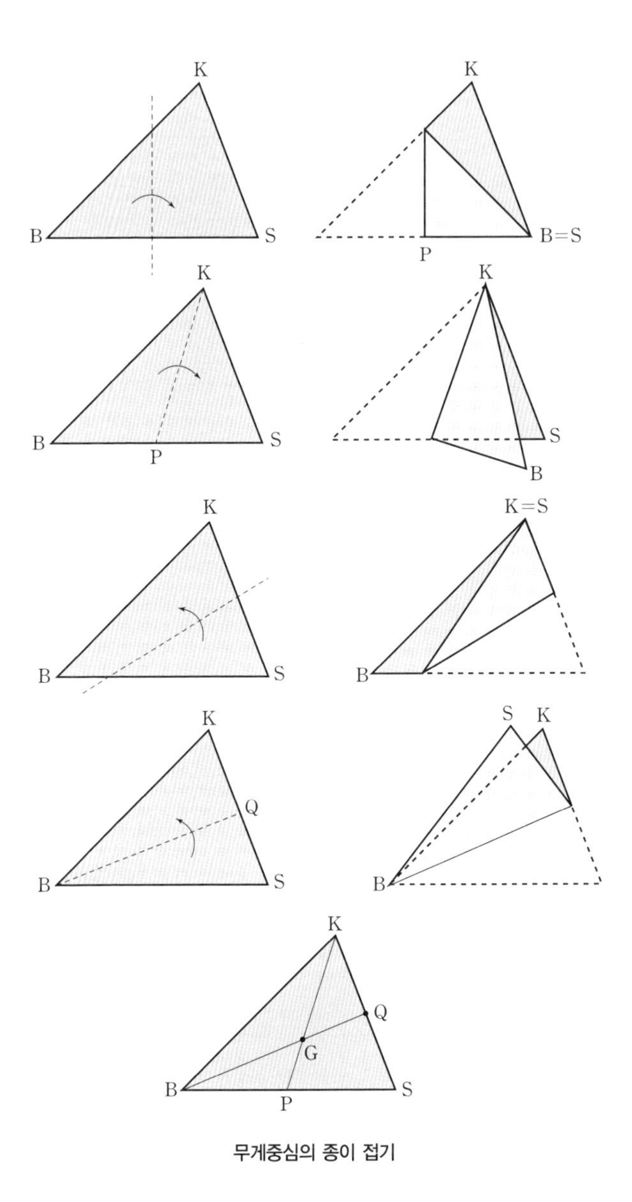

무게중심의 종이 접기

거침없이 돌리기 놀이를 할 수 있다. 이 놀이는 예전에 주로 남학생들 사이에서 유행했는데, 감(感)으로 무게중심을 찾아 즐기는 놀이다. 1980년대에는 남녀 학생을 막론하고 '볼펜 돌리기'가 선풍을 끌었다. 그것이 요즘 사라진 이유는 휴대전화의 문자 보내기로 손이 허전할 틈이 없기 때문인 것 같다. 당시 청소년이던 현재 교수들 중에는 회의 중에도 무심결에 볼펜을 돌리는 사람들이 있는데, 필자에게는 무척 정서가 불안한 모습으로 여겨져 후배 교수들에게 농담 반 진담 반으로 태클을 걸기도 했다.

무게중심의 특이한 성질로는 각각의 중선을 2 : 1로 내분한다는 것이다. 그리고 중선은 삼각형의 면적을 이등분하기도 한다. "선생님! 그러면 내심과 외심, 무게중심이 모두 한 점에서 만나는 삼각형이 있을 수 있나요?" 물론이다. 정삼각형은 내심, 외심, 무게중심이 모두 한 점에서 만난다. 그럼 직각 삼각형에서는 어떻게 될까? 자, 이것은 과제로 돌리자. 오늘 수업은 여기까지만……. 아! 한 가지 더 설명하고 싶은 게 있네? 교과서에 없는 것을 가르쳐 주는 게 선생님의 역할 아니겠나?

사람은 꼿꼿하게 서서 일직선 위를 걸을 수 있는데, 펭귄과 오리는 왜 뒤뚱거리면서 걸을까? 단원이 단원인 만큼, 무게중심 때문이라고 마음속으로 찍어 보는 친구들이 있겠다. 그렇다면 제법이다. 걸음을 옮기는 데는 뉴턴의 운동의 제3법칙인 작용 · 반작용의 법칙이 작용하기 때문에 땅을 뒤로 밀어 주는 힘이 필요하다. 그런데 땅을 뒤로 밀어내려면 몸의 무게중심이 먼저 이동해야 한다. 이때 날지 못하는 오리나 펭귄은 머리를 앞뒤로 흔듦으로써 몸통의

무게중심을 이동해 가며 발로 땅을 밀어내 추진력을 얻는다. 하지만 사람들은 머리를 앞뒤로 움직이지 않으면서 일직선으로 멋지게 걸을 수 있다. 사람은 발로만 걷는 것이 아니라 팔을 흔들면서 목, 어깨, 허리 등 모든 관절을 사용하기 때문이라고 한다.

조금 더 재미있는 질문! 오리보다 펭귄이 더 뒤뚱거리면서 걷는 이유는 무엇일까? 펭귄은 몸에 비해 다리와 날개가 매우 짧아서 몸통으로 균형을 잡는다고 한다. 즉, 오리보다 무게중심이 낮기 때문에 걷는 모습이 더 많이 뒤뚱거리고 불편해 보이는 것이다. 기저귀를 차고 뒤뚱거리는 아기들처럼…….

그러면 여자와 남자의 걸음걸이에는 어떤 차이가 있을까? "선생님! 여자들은 남자보다 엉덩이를 흔들면서 걸어요!" 맞다, 여자는 남자에 비해 어깨는 좁고 상체가 작은 대신, 골반이 넓고 엉덩이가 커서 무게중심이 남자보다 낮다. 이처럼 여자와 남자의 걸음걸이에서도 재미있는 사실을 발견할 수 있다. 여자의 걸음걸이에서는 무게중심이 배꼽 밑의 단전이고, 그림처럼 둔각 삼각형이 그려진다. 반면 남자의 걸음걸이에서는 무게중심이 허리띠보다 훨씬 높은 명치 끝 정도다. 이때 삼각형은 이등변 삼각형이면서 꼭짓점이 아래에 있는 역삼각형이다. 왜일까? "선생님! 남자는 여자보다 엉덩이가 작은 대신 어깨가 넓어요." 맞다. 남자는 여자보다 상체가 발달했기 때문에 걸을 때 무게중심이 올라간다. 역시 남자와 여자는 같은 인간이면서도 이러한 차이점이 있다는 것을 인정하고 동시에 서로 상호 보완적인 존재임을 알아야 한다. "선생님! 그러면 여자들이 하이힐을 신으면 무게중심이 높아지나요?" 그렇겠네요. 하이힐은 하체를 더 길게 하니까 무게중심이 올라가겠네요!

3 꿀벌은 어떤 도형을 가장 좋아할까? – 다각형

삼각형, 사각형, 오각형 같은 도형은 평면에서 그릴 수 있는 기하학이므로 평면기하학이라고 부른다. 그러면 입체를 만들려면 어떻게 해야 할까? 앞에서 도형의 기본은 삼각형이라 했다. 입체에서도 이 삼각형이 기본인데, 삼각형을 몇 개 모아야 입체를 만들 수 있을까?

평면기하학이란 2차원 기하학이고, 입체란 3차원의 기하학을 말한다. 동물의 예를 들어서 설명하자면, 지렁이나 뱀같이 땅 위를 기어 다니기만 하는 동물은 2차원 동물이고, 새처럼 날아다니거나 인간처럼 걷기도 하고 바위나 허들 같은 장애물을 훌쩍 뛰어넘을 수 있는 동물은 3차원 동물이다. 고대 그리스인들은 기하학에서 1차원인 곡선이나 직선이 무한히 모여서 2차원 평면을 만들고, 2차원 평면이 무한히 모이면 3차원 입체를 만들 수 있다고 인식해 왔다. 우선 정삼각형을 몇 개 모으면 3차원 입체를 만들 수 있는지 생각해 보자. 정삼각형 1개를 바닥에 놓고 그 위에 정삼각형을 몇 개 세우면 입체가 될까? 맞다. 3개를 세우면 입체가 된다. 이처럼 정삼각형 4개가 모인 입체를 정사면체라고 부른다. S우유회사는 이 도형으로 디자인한 비닐팩에 담긴 커피우유를 30년이 지난 오늘까지 변함없이 선보이고 있는데, 왜 꼭 커피우유만 고집하는지는 모르겠다. 다만 이 정사면체 비닐 팩은 제품을 넘어뜨리고 함부로 다루어도 손상이 없다는 장점이 있다고만 추측할 뿐이다. 정삼각형이 아닌 임의의 삼각형으로 만들면 정사면체가 아니라 그냥 사면체라고 부른다는 건 상식에 속하니까 이만 다음으로 넘어가자.

다각형이 모인 3차원 입체를 다면체라고 부르는데, 각 면이 모두 합동인 정다각형이 모였을 때는 정다면체가 된다. 옛날 고대 그리스인들은 정십이면체와 정이십면체까지 발견했으며 정다면체는 오직 5가지만 존재한다는 사실도

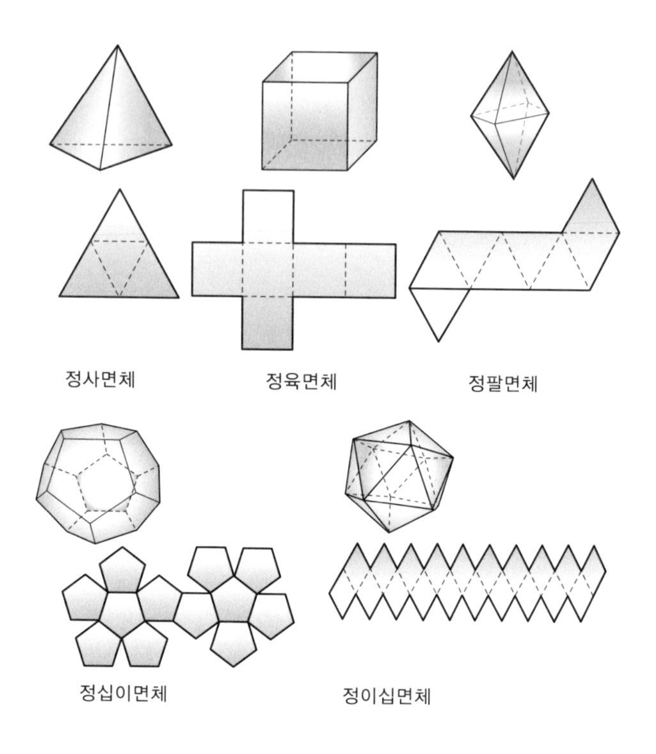

증명했다. 당시의 유명한 철학자 플라톤은 정사면체＝불, 정육면체＝흙, 정팔면체＝공기, 정십이면체＝우주, 정이십면체＝물이라고 생각했다. 5가지 다면체 중 가장 뾰족한 정사면체를 불로 생각했고, 가장 동그스름한 정이십면체는 물로 생각했다. 보통 땅을 네모로 생각했듯 정사각형이 모인 정육면체는 흙이라고 생각했으며, 사각뿔 2개가 합쳐져서 날씬하게 생긴 정팔면체는 공기로 생각했다. 마지막으로 정오각형 12개로 이루어진 정이십면체는 모든 것을 담은 우주로 생각했으니, 재미있는 발상이다.

동물의 세계에서도 다각형에 관한 재미나는 성질을 발견할 수 있다. 부지런하기로 유명한 동물로 사람들은 늘 개미와 꿀벌을 꼽는다. 하지만 요즘은 이 이론에도 안티가 생겼는데, 이공팔공(2080) 이야기가 그것이다. "선생님! 왜

갑자기 치약 이야기를 하는 겁니까?"라며 참지 못하고 성급하게 질문하는 친구들이 있다. 선생님은 여기서 요즘 새로운 가설로 인정받는 이론을 소개하려고 한다. 이른바 2080이란 어떤 조직이나 공동체에서 80%는 빈둥거리면서 일을 열심히 하지 않는 부류고, 20%는 조직과 공동체를 위해 아주 열심히 일하는 창조적인 그룹이라는 이론이다. 부지런한 개미를 대상으로 실험했는데, 열심히 일하는 일개미만 모아서 또 다른 공동체를 만들어 주니까 열심히 일하던 그 개미들의 80%가 새로운 조직에서는 게으른 개미로 변하더라는 것이다. 이 이론은 인간들이 모인 어떤 사회, 어떤 조직에도 성립하는 현상이라 한다. 꿀벌 이야기를 하려다가 잠시 삼천포로 빠졌는데, 꿀벌은 그들의 양식을 저장하는 창고를 알다시피 육각형 모양으로 짓는다. 왜 그럴까? 같은 재료로 가장 넓은 공간을 만들어서 많은 꿀을 저장하기 위함이다.

1장에서 우리는 '같은 둘레로 가장 넓은 면적을 만들려면 어떤 도형이 좋을까?'를 살펴보았다. 다각형의 변의 개수가 많을수록 면적이 넓어지므로, 변이 무한개인 원이 당당히 선택되었다. 하지만 여기서 잠시 머리를 굴려 보아야 한다. 같은 둘레로 면적을 가장 크게 하려면 원을 선택해야 하지만 같은 도형을 계속 반복하면서 적은 재료로 면적을 넓게 하려면 원은 탈락되고 만다. 그림을 보면 쉽게 알 수 있다.

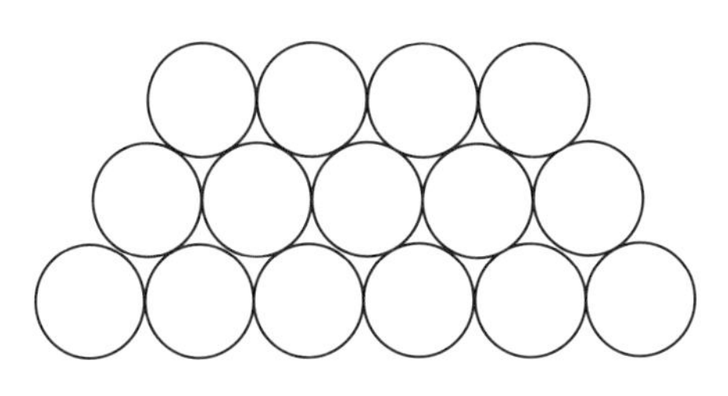

원으로 실패하는 테셀레이션

꿀벌들이 꿀을 저장하기 위해, 즉 로열 젤리의 창고를 짓기 위해 설계도를 원 모양으로 하면 그림처럼 완전히 메워지지 않는다. 가능한 한 평면을 완전히 메워서 각각의 방에 벌들의 양식이 차곡차곡 쌓여야 경제적인 것인데, 원과 원 사이에 공간이 남아 있다. "선생님, 생각나는 게 하나 있어요! 벌들이 평면을 빈틈없이 완전히 메우는 것을 좋아한다면 벌들도 테셀레이션을 알 정도로 지능이 있는 곤충이란 말인가요?" 와! 이 학생 역시 수학의 영재일세! 벌집의 건축물 역시 테셀레이션이다. 이는 한 모양에 같은 모양을 덧붙여 나갈 때 정육각형의 집이 가장 효율적이란 것을 알기 때문이다. 그런데 곤충의 이런 면은 지능이 높아서가 아니라 조물주가 창조할 때 부여한 소프트웨어적인 성질로 이해하는 것이 바람직하다고 생각한다. 어쨌든 이제 원은 테셀레이션 작업이 불가능한 도형이란 것을 알겠지?

4 한글은 칠교놀이에서 힌트를 얻어서 만들어졌다?

– 도형의 이해(1)

우리나라 TV 사극의 주된 주제는 한마디로 '역모(逆謀)와 회임(懷妊)'이다. 둘 다 권력을 잡기 위한 몸부림이다. 역모는 무능한 왕이나 폭군에 대항해 나라를 새롭게 일으키려는 의로운 명분을 가진 자들이 일으키는 것이고, 회임은 왕의 사랑을 얻은 왕비나 후궁이 왕의 아이를 임신하는 것을 말한다. 필자의 친구 가운데 사극을 싫어하는 친구가 있는데, 늘 시기하고 모함하는 권력 싸움의 꼴이 보기 싫기도 하고 조상들에게 좋은 감정보다는 혐오감을 느끼기 때문이란다. 그러나 싫든 좋든 사극 속 이야기는 우리 민족성의 표현인 동시에 인간 사회의 한 단면인 것이다.

선생님은 여기서 여러분에게 한 가지 가르쳐 주고 싶은

게 있다. 사극을 보면 왕궁에서 왕세자들이 가끔 공부하는 장면이 나오는데, 죄다 『대학(大學)』, 『논어(論語)』 등 사서삼경(四書三經) 같은 중국의 고전을 공부한다. 물론 과거시험에도 한자로 논술을 쓰는, 다시 말하면 한시(漢詩)를 지어야 하는 문제가 등장한다. 당시에는 수학 문제도 한시로 써야 했다. 우리나라의 수학 역사를 보건대 역사상 가장 존경받는 세종대왕도 왕궁에서 수학을 공부했다는 것을 알아야 한다. 누차 말하지만 수학이란 고대 이집트부터 고대 그리스, 중국은 물론 우리나라에서도 나라를 다스리는 데 매우 중요한 통치수단이자 도구였다.

우리나라에서는 삼국시대 고구려의 국자감이 국가에서 세운 최초의 학교였다. 그 무렵부터 학문으로서의 수학이 자리를 잡기 시작했다. 신라의 통일을 주도한 엘리트인 화랑들도 수학을 공부했고, 조선시대의 성군인 세종은 노비 장영실을 유명한 과학자로 만들 정도로 과학 발전에 큰 업적을 남겼는데, 그의 과학에 대한 애정은 수학 지식과 연결되어 있다. 물론 세종 하면 한글 창제를 빼놓을 수 없다. 여기서 한글에 대한 언급을 잠깐 해 보겠다.

한글은 세종이 우리 고유의 창호지 문에서, 나무 창틀의 가로와 세로가 만들어 내는 도형을 보고 만들었다는 것이 정설로 굳어져 왔다. 초등학교 때부터 필자도 그렇게 배워 왔다. 그러나 필자와 함께 근무하는 고신대학교 유아교육과 김상윤 교수는 다음과 같은 가설을 발표했는데, 필자는 그것이 매우 설득력 있는 가설이라고 생각한다. 삼국시대부터 우리 민족은 중국에서 전래된 칠교놀이를 하고 놀았는데, 수학을 좋아하던 어린 세종은 당시의 두뇌 게임인 칠교놀이를 즐겼으리라 추측할 수 있다. 칠교놀이란 칠교판이라는 것으로 하는데, 칠교판은 뒤에 나오는 것처럼 정사각형 도형 1개를 다각형 조각 7개로 나눈 것이다. 즉, 큰 삼각형 2개, 중간 삼각형 1개, 작은 삼각형 2개, 정사각형 1개, 평행사변형 1개로 구성된다.

7개의 조각으로 도형을 만드는 이 놀이는 2,600여 년 전 중국 주(周)나라 때부터 있었던 것으로 추측되는데, 서양에는 중국 당(唐)나라 때 전해져서 탱그램(tangram)으로 불린다. 동서양을 합해 일곱 조각의 칠교판 하나로 만들 수 있는 도형이 1,600가지라니 아이 어른 구별 없이 두뇌 게임으로 그만이었을 것이다. 지금도 칠교놀이 도형은 유치원과 어린이집에서 배우기도 하고, 또 초등학교 · 중학교 수학 교과서에도 나오는 매우 인기 있는 아이템이다. 칠교판으로 다음의 재미있는 도형들을 만들어 보자. 여우도 만들 수 있고, 뛰어가는 사람도, 의자도 만들 수 있다. 완구가 별로 없던 600년 전, 세종이 왕세자 시절에 이 재미나는 놀이를 하지 않았을 리 없다.

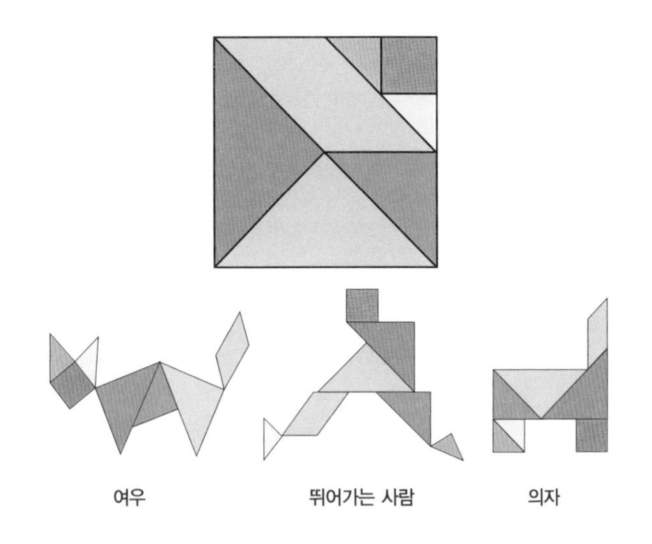

이제는 김상윤 교수의, 세종의 한글 창제 이론에 대한 가설을 설명해 보겠다. 우선 홀소리인 모음을 살펴보자.

ㅏ는 큰 삼각형으로, ㅓ는 큰 삼각형을 왼쪽으로 뒤집어서, ㅗ는 큰 삼각형을 산 모양으로, ㅜ는 ㅗ 모양을 아래로 뒤집어서 놓는다. 그다음엔 평행사변형을 옆으로 놓았을 때는 ㅡ, 세웠을 때는 ㅣ로 정할 수 있다. 그러면 모음에서 이중모음이 남았다. ㅑ는 작은 삼각형 한 쌍을 나란히 세워서, ㅕ는 ㅑ를 왼쪽으로 뒤집어서, ㅛ는 삼각형 2개를 나란히 놓고, ㅠ는 ㅛ를 아래로 뒤집어서 놓는다. 수학적 도형을 이용해 완벽하게 한글의 홀소리를 표상할 수 있다는 것이다. 매우 논리적이고 합리적인 가설이다. 따라서 칠교놀이를 통해 우리 목과 입술의 구조를 궁리한 끝에 세종이 한글 창제에까지 이르렀으리라는 가설에 믿음이 간다.

홀소리 (모음)	ㅏ	ㅓ	ㅗ	ㅜ	ㅡ	ㅣ	ㅑ	ㅕ	ㅛ	ㅠ
도형	▶	◀	▲	▼	▰	▮	▶▶	◀◀	▲▲	▼▼

다음엔 닿소리인 자음의 표상을 만들어 보자. ㄱ은 작은 삼각형을 기역 모양으로, ㄴ은 작은 삼각형을 니은 모양으로 놓을 수 있다. ㄷ은 ㄱ의 도형을 y축과 대칭인 도형으로, ㄹ은 ㄴ의 도형을 y축과 대칭인 도형으로 놓는다. 가장

쉬운 것은 ㅁ으로 정사각형으로 놓을 수 있고, ㅇ은 정사각형을 회전하여 마름모로 놓는다. ㅅ도 쉽다. 작은 삼각형을 산 모양으로 놓으면 되니까……. ㅎ도 재미있는 발상이다. 다음의 표에 정리해 놓았다. 물론 받침도 닿소리를 활용해 사용하면 된다.

닿소리 (자음)	ㄱ	ㄴ	ㄷ	ㄹ	ㅁ	ㅂ	ㅅ	ㅇ	ㅈ	ㅊ	ㅋ	ㅌ	ㅍ	ㅎ
도형														

위의 원리를 가지고 인생에서 제일 중요한 존재인 우리들의 '어머니', '아버지'의 글자를 만들어 보자.

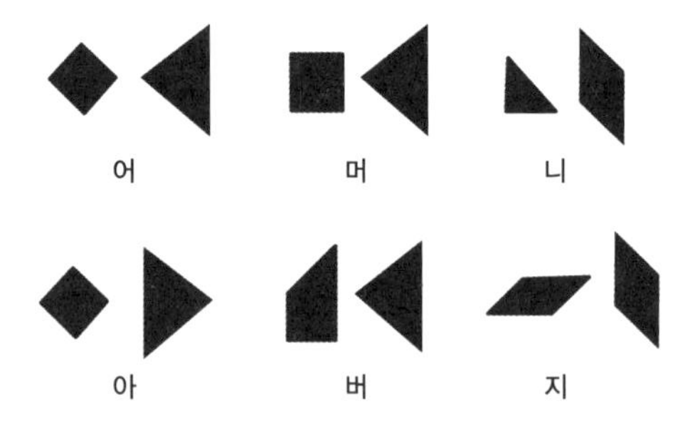

우리 신체의 중요한 부분인 '손'과 '목'도 만들어 보고, 받침이 있는 '왕궁'이란 단어도, 겨울철 인기 있는 간식거리 '고구마'도 만들어 보자.

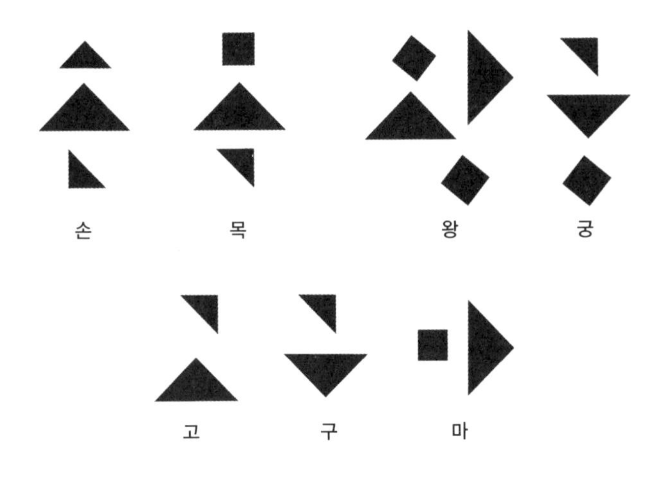

아주 그럴듯한 이론이다. 지금까지 해 온 것은 곧 '분석과 종합'이란 개념이다. 다시 말해 같은 도형으로 모음과 자음을 하나씩 만든 뒤, 다시 자음과 모음을 조합했고 또 받침까지 첨가한 것이다. 이는 17세기의 프랑스 수학자 데카르트가 창안한 해석기하학(解析幾何學)의 정신인, 분석과 종합과 같은 사고방식이라고 평한다. "선생님! '나는 생각한다, 고로 나는 존재한다'라는 말로 유명한 그 데카르트요?" 그렇다. 철학자 데카르트는 동시에 유명한 수학자이기도 하다. 데카르트는 17세기 사람이고, 세종대왕은 15세기 인물이니까 우리의 세종대왕이 200년이나 앞서서 분석과 종합의 개념을 간파해 한글을 창제한 것이다.

세종이 기하의 도형을 보고 한글을 만들었다는 가설을 뒷받침하는 재미있는 이론을 더 소개하겠다. 바로 기하학자가 만든 독특한 한글이다. 서울 홍능에 있는 고등과학원(KIAS)의 수학 교수 최재경 박사는 1년에 40번씩 열리는 국제 학술대회 때마다 큰 불편을 느꼈다. 영어의 v와 f 발음을 한글로는 표기할 수 없었기 때문이다. 이에 최 교수는 v는 ㅂ 대신 한 획을 없앤 ㅂ로, f는 ㅍ 대신 한 획을 없앤 ㅍ로, 'thank'의 th 발음은 ㅆ 대신 ㅆ로 표기법을 창안했다. 이를 본 한국인 수학자들은 글자가 깨진 것 같다고 지적했지만 학회에 참석한 외국 수학자들은 큰 관심을 보였다. 그는 이러한 창의적 발상을 고2 때부터 했다고 술회한다.

여기서 한 가지 더 이야기하고 싶은 것이 있다. 세종이 집현전 학자들과 함께 한글을 만들었다고 알려져 왔으나, 실은 독자적으로 만들었기에 집현전 학자들의 반발을 예상하여 1443년에 만든 한글을 3년이나 미루었다가 반포했다는 학설이 제기되고 있다. 필자도 이 점을 학창 시절에 궁금하게 여겼다. 백성들을 위해 만든 편리한 훈민정음을 1443년

에 창제하고도 왜 1446년에야 반포를 했을까? 집현전 학자들은 우리나라의 뛰어난 인재들이었으나 중국에 대한 사대주의적 성향이 있어 새로운 글자 훈민정음을 곧바로 수용할 만큼 깨어 있지 못했던 것 아닐까.

세종은 묘하게도 유럽의 금속활자를 만든 구텐베르크와 1년 차이로 태어났으며 동시에 문자의 혁명을 이룬 역사의 주역이다. 그러나 구텐베르크가 발명한 금속활자는 어려운 라틴어를 모르는 평민들에게 쉬운 독일어 성경을 읽을 수 있게 도와 결과적으로 루터의 종교개혁이 활활 타오르게 한 반면, 세종이 만든 한글은 당시 지배 계급이던 학자들에게 폄하되어 개혁으로 이어지지 못했다. 왕이 백성을 사랑하여 독창적으로 만들었건만 여인네들만 사용하는 소외층의 문자로 전락된 것이다. 세종의 훈민정음은 560여 년이 지나, 1997년 10월 1일 유네스코에 의해 세계기록유산 1위로 지정되었다. 영국 옥스퍼드 대학교 언어학 대학에서 세계 모든 문자 가운데 합리성, 과학성, 독창성을 평가한 결과 한글을 1위로 선정한 것이다.

디지털 시대인 오늘날에는 한 술 더 떠서 '한글은 돈이다'라는 명제도 성립한다. 이게 무슨 생뚱맞은 소리냐고? 디지털 시대의 개성 있는 신세대들은 자신만의 한글 서체를 중요시하여 독특한 서체로 개인 홈페이지를 꾸미고 문자 메시지를 보내기 좋아한다. 서비스되는 글꼴이 240종인 싸이월드의 통계에 따르면 매일 25,000여 개의 글꼴이 소비된다고 한다. 종이학체, 발꾸락체, 인기 스타들의 손글씨 등 맞춤형 글꼴이 유행하는 시대다. 글꼴 시장의 규모가 무려 300억 원대로 추산된다니, 우리의 세종대왕님께서 어찌 그리 선견지명 있게 디지털 시대를 내다보셨는지 참으로 위대하다!

5 피타고라스 정리의 활용은 어디까지 - 도형의 이해(2)

삼각형에서 성립하는 수학의 정리 중 가장 유명한 것은 '피타고라스의 정리'일 것이다. 피타고라스의 정리는 고대 그리스 피타고라스 학파에서 증명된 정리지만 그들이 논증적으로 증명했을 뿐, 이미 중국의 수학책 『주비산경』에도 그 내용이 있으며 인도나 고대 이집트의 문헌에서도 다양한 기록을 찾을 수 있다. 다만 증명 없이 결과와 활용되는 내용만 실려 있다. 고대 이집트에서도 이 정리를 알았기에 피라미드 같은 건축물을 지을 수 있었다는 것은 앞에서 이야기했다. 그러면 우리의 세종 임금은 피타고라스 정리를 알았을까? 앞에서 소개한 김상윤 교수는 두 쌍의 칠교판으로 피타고라스의 정리를 다음과 같이 재미있게 설명한다.

놀랍게도 두 사람이 각자의 칠교판을 합했더니 완벽하게 피타고라스의 정리가 성립된다. 김 교수의 솜씨를 보면 우수한 우리 조상님들 역시 만들었음 직하다.

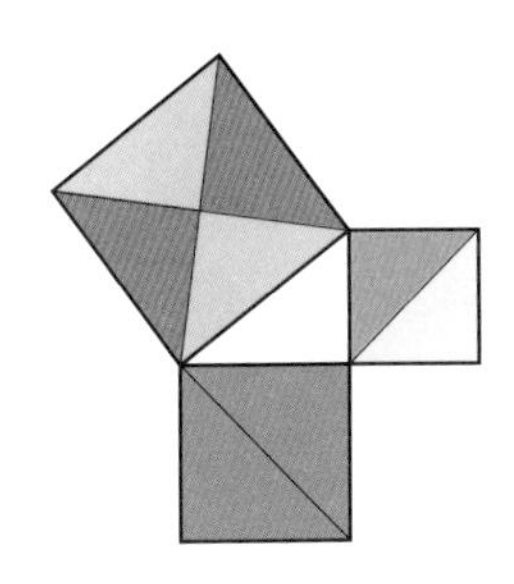

칠교판으로 증명한 피타고라스의 정리

피타고라스 정리는 세 변이 a, b, c인 삼각형(c가 빗변)에서 $a^2+b^2=c^2$이 성립한다는 것으로 a^2, b^2, c^2은 모두 정사각형을 의미한다. 하지만 다음 그림처럼 직각삼각형의 변 a, b, c에 각각 정오각형의 별을 작도하면, 이때도 파란색 정오각형 별의 넓이와 노란색 정오각형 별의 넓이의 합은 빨간색 정오각형 별의 넓이와 같은 것을 알 수 있다. 물론 이것을 증명하려면 매우 복잡하겠지…….

선생님은 기하 소프트웨어인 GSP로 작도했다. 다음 그림의 왼쪽 위에 있는 작은 숫자들은 프로그램에 있는 '측

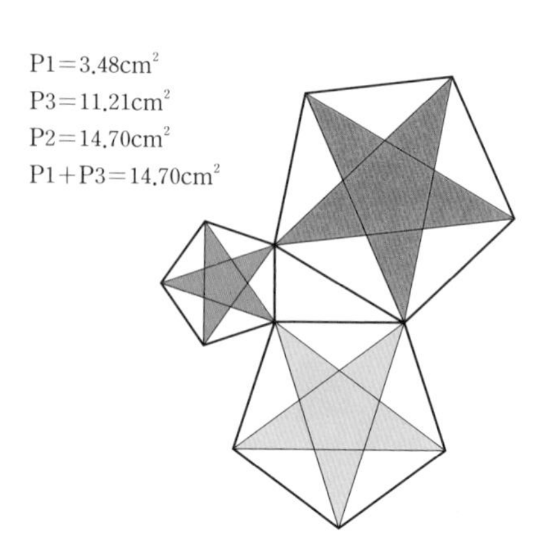

정'이란 메뉴를 사용한 것으로, '면적'을 클릭만 하면 척척 가르쳐 주는 기능이 있어서 그야말로 신바람 나게 피타고라스 정리를 확인할 수 있다. "선생님, GSP는 GPS와 다른 거지요?" 물론이다. 앞에서 테셀레이션을 설명하면서 언급했는데 벌써 잊었단 말인가? GSP는 증명을 싫어하는 비주얼 세대인 여러분 같은 청소년을 위해 미국에서 만든 기하 프로그램으로 Geometer's SkechPad의 약자다. GSP가 재미있는 것은 도형을 늘리기도 하고 줄이기도 하면서 마음대로 움직여 볼 수 있는 점이다. 여러분의 부모님이 한 것처럼 반드시 기하 문제를 증명하면서 수학에 진절머리를 낼 필요가 없는 것이다. 하지만 기하의 묘미란 또 이런 증명에 있다. 증명에 매료되었다가 수학 선생님에게 칭찬을 듣고 자신감을 얻어 수학으로 전공을 택하는 경우도 비일비재하다.

이뿐만 아니라 변 a, b, c 위에 각각 정육각형과 정팔각형을 작도해도 역시 파란 다각형의 넓이와 노란 다각형의 넓이의 합은 빨간 다각형의 넓이와 같다.

다음은 필자가 가르친 고신대학교 학생들과 함께 작도한 것인데 10년 전에 유행한 텔레토비를 연상하게 한다. 피타고라스의 정리가 성립하는 직각삼각형 위에서 3 : 4 : 5의 비율로 텔레토비의 얼굴을 GSP로 작도하면, 노란도리와 초록도리의 얼굴을 합했을 때 빨간도리의 얼굴과 같은 크기가 된다. 여러분이 엄마 아빠에게 뽀뽀를 받으며 사랑받던 어린 시절의 추억이 되살아나지 않는가!

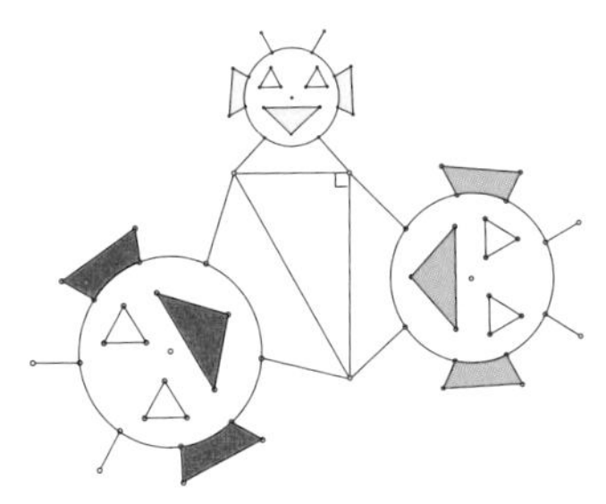

텔레토비가 만드는 피타고라스 정리

이제 피타고라스의 나무라고 불리는 도형을 소개하겠다. 학생들과 1999년에 작도할 때만 해도 GSP의 버전이 낮아 시간이 오래 걸리는 힘든 작업이었다. 요즘 사용되는 버전을 사용하면 아주 간편하고 쉽게 다음의 피타고라스 나무를 작도할 수 있다.

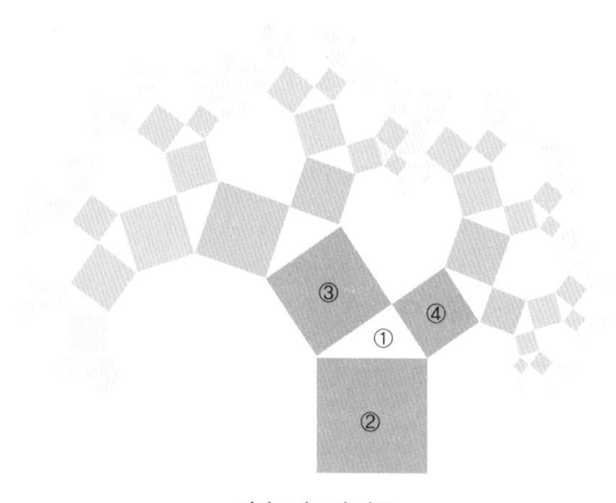

피타고라스의 나무

먼저 시작이 되는 직각 삼각형을 작도하는데, 모양을 좋게 하려면 직각 삼각형 ①의 빗변을 밑으로 깔고 작도한 뒤 빗변을 한 변으로 하는 정사각형 ②를 작도한다. 다음엔 ①의 두 변에 각각 정사각형 ③과 ④를 작도한다. 우리가 잘 아는 도형인데, 차이점은 단지 기초가 되는 직각삼각형의

모양을 약간 변형한 점이다. 그다음엔 작은 정사각형 ③과 ④를 빗변으로 하는 직각 삼각형을 구현하는 것이다. 이와 같은 작업을 계속해 나가면 아름다운 모양이 마치 나무 같아서 붙여진 피타고라스 나무가 완성된다. 피타고라스 나무라면서 빨간색으로 하면 어째 이미지가 안 맞는 것 같아 초록색으로 했다. 해 보고 싶은 학생이 있다면 필자에게 문의해도 좋다. 아니면 수학 관련 인터넷 사이트에 많이 올라와 있을 것이다. 수학의 도형은 이처럼 다양하고 아름답게 활용되고 있다.

6 부채가 조각피자 될 뻔한 사연 -원과 부채꼴

원은 고대 이집트나 메소포타미아에서부터 인간의 호기심을 부추긴 도형이다. 그들은 떠오르는 동그란 태양을 보고 원을 생각했을 터인데, 특히 궁금하게 생각한 사실은 '원의 둘레가 지름의 몇 배인가'였다. 지금은 원주율 π가 3.14159……로 무리수라는 사실이 이미 알려져 있지만 3,500여 년 전 고대 이집트에서는 3.16으로 사용했다. 여러분은 초등학교 때부터 원둘레＝지름×3.14, 원의 넓이＝반지름×반지름×3.14라고 외웠다. 그러나 이젠 중학생이다. 중학생쯤 되면 수학 공식을 문자로 기억해야 한다. 머리 아프다고 투덜대지 말고 다음 문장을 읽어 보자.

반지름이 r이고 원둘레를 l, 원의 넓이를 S라고 하면,

$l=2\pi r$ 이고 $S=\pi r^2$ 이다.

이런 것쯤은 기하학에서 상식 중의 상식이다. 중요한 것은 지금부터다.

부채꼴이란 반지름이 r인 원에서, 그림처럼 피자 조각을 자르듯이 분할한 조각을 말한다. 피자가 없던 시절이라 부채 모양을 연상해 부채꼴이란 말을 붙였다. '조각피자꼴'이라 했으면 훨씬 친숙했을 텐데 아쉽다. 하지만 여러분

이 좋아하는 피자와 햄버거가 우리나라에 들어온 것은 겨우 20년 전이다. 1988년 서울 올림픽을 개최하면서 세계인의 입맛인 피자와 햄버거가 한국에 상륙했다. 요즘은 전화만 하면 오토바이를 타고 쏜살같이 달려오는 피자맨, 치킨맨이 있는 세상이지만 여러분의 부모님은 청소년 시절 전혀 먹어 보지도 들어 보지도 못한 음식이었다. 피자와 햄버거가 맛도 좋고 편리하긴 해도 우리네 청소년들의 비만은 어찌할꼬! 그것이 문제로다! 미안, 미안……. 청소년 자녀가 있는 선생님으로서는 여러분들의 건강이 걱정되어 잠깐 삼천포로 빠졌다. 어쨌든 부채꼴 도형은 피자로 설명하는 게 가장 좋다.

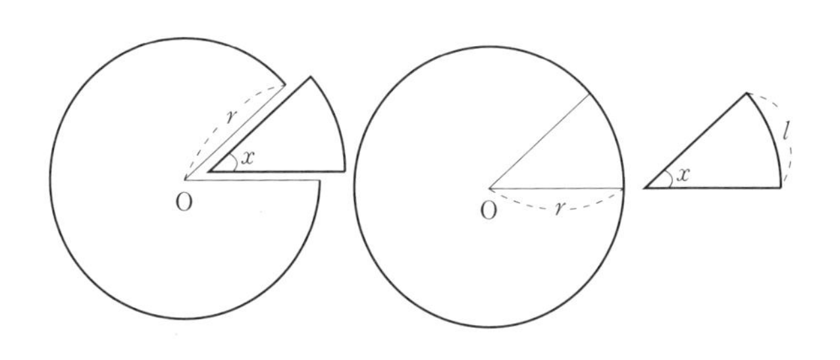

원과 부채꼴

그림에서 $\angle x$를 부채꼴의 중심각이라 하며, l은 호라고 부른다. 이때 호의 길이를 구하려면 어떻게 할까?

$$\text{부채꼴 호의 길이} = \text{원둘레} \times \frac{\text{중심각}}{360}$$

$$\text{부채꼴의 넓이} = \text{원의 넓이} \times \frac{\text{중심각}}{360}$$

어때? 뭔가 '중학생스럽지' 못하다는 생각이 안 드는가? 좋다, 문자로 해 보자고!

반지름의 길이가 r이고 중심각의 크기가 $x°$인 부채꼴의 호의 길이를 l, 넓이를 S라 하면 $l = 2\pi r \times \frac{x}{360}$이고, $S = \pi r^2 \times \frac{x}{360}$다.

"선생님! 교과서에 있는 쉬운 이야기는 그만 하고 원과 관련된 재미있는 이야기는 없나요?" 알았다, 오버! 원과 관련된 곡선으로 유명한 사이클로드 곡선을 소개하겠다. 사이클로드 곡선을 쉽게 이해하려면 먼저 여러분의 자전거에 예쁜 빛을 내는 꼬마전구를 하나 달았다고 가정하자. 그러고 나서 자전거를 타고 신나게 달려 나가면, 꼬마전구의 빛이 곡선을 그릴 것이다. 그것이 바로 사이클로드 곡선이다. 이 곡선은 매개변수를 써서 표시되는 함수로, 대학 수학의 수준이므로 자세한 이야기는 않겠다. 유명한 에피소드 한 가지만 들려주자면, 17세기 프랑스의 수학자 파스칼은 진통제도 없던 시절에 치통으로 고생하다가 이 사이클로드 곡선을 연구하는 재미에 푹 빠져 치통이 멎었다고 한다.

여러분이 좋아하는 놀이동산의 기구에서도 원과 부채꼴의 도형을 얼마든지 응용할 수 있다.

문제 아래 그림을 보고 보람이와 소라가 있는 위치의 중심각이 얼마인지 계산해 보자. 또한 이 기구의 지름이 10m라면 회전기구의 전체 둘레는 얼마인가? A에서 B까지 이동한 거리는 보람이와 소라 사이 거리의 몇분의 몇인가?

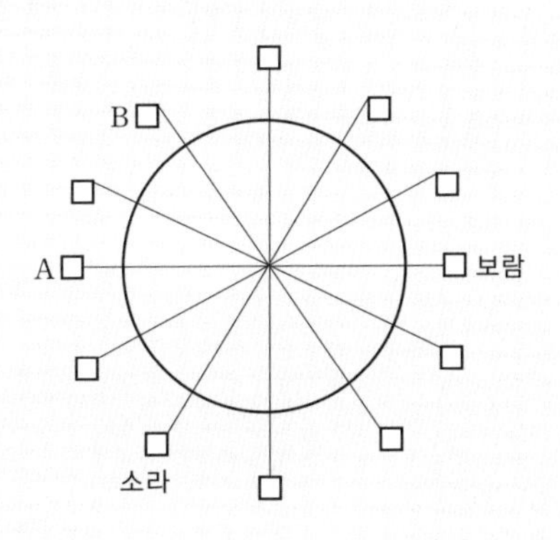

풀이 문제를 풀기 쉽게 이 기구를 12칸으로 단순화했다. 그러므로 한 칸의 중심각은 $360° \div 12 = 30°$다. 보람이와 소라가 있는 지점은 모두 4칸이 벌어졌으므로 원주각은 120°며, 기구의 전체 원둘레는 $10m \times 3.14 = 31.4m$다. A에서 B까지의 거리는 2칸이므로 보람이와 소라 사이 거리의 $\frac{1}{2}$이다. 호의 길이 대신 원주각으로 계산할 수 있는 이유는 '호의 길이는 중심각의 크기에 정비례'하기 때문이다.

이젠 놀이동산에 갔을 때도 기구들을 보면 예사로 보이지 않겠지? 주변의 사물을 볼 때 수학적 도형으로 바라보자. 여러분이 수학적으로 사고하게 되는 것이 선생님의 소망이다.

IV 도형의 측정

무한을 어떻게 표현해 볼까? 나처럼 해 봐라! 요렇게~

피타고라스는 모든 사물의 존재와 관계를 수로 파악하였으며, 만물을 수로 표시할 수 있다는 신념을 가지고 있었다. 피타고라스 시절엔 수의 세계란 자연수와 유리수로만 이루어져 있다고 생각을 했었다. 그러나 무한에 대한 인간의 도전과 집착은 쉼 없이 진행되어 왔다. 그 이상의 수를 찾아 멈출 수 없는 지적 호기심을 갖고 있던 사람들은 '분수로 표시되는 유리수를 무한히 계속 더해 보면 어떻게 될까?' 라는 생각을 했고, 희한한 것을 발견하게 되었다. 즉, 분수로 표시되는 유리수를 무한대로 더해 보면 무리수인 황금비의 값인 $\frac{1+\sqrt{5}}{2}$로 귀결된다는 사실이다.

$$1+\frac{1}{1}=2 \qquad 1+\frac{1}{1+\frac{1}{1}}=1\frac{1}{2}$$

$$1+\frac{1}{1+\frac{1}{1+\frac{1}{1}}}=1\frac{2}{3} \qquad 1+\frac{1}{1+\frac{1}{1+\frac{1}{1+\frac{1}{1+\frac{1}{1}}}}}=1\frac{3}{5}$$

$$1+\frac{1}{1+\frac{1}{1+\frac{1}{1+\frac{1}{1+\frac{1}{1+\cdots}}}}}=\frac{1+\sqrt{5}}{2}$$

다음은 $\frac{1}{2}$, $\frac{1}{3}$, $\frac{1}{4}\cdots$ 등의 단위분수를 무한수열의 합으로 나타낸 식이다. 이때 분모가 똑같은 양씩 곱하여지는데 이를 등비수열이라고 하며, 무한히 계속되는 수열을 더하기 때문에 무한등비급수의 합이라고 부른다. 고등학교에서 배우는 것이니 미리 보아 두는 것으로 만족하기 바란다.

$$1=\frac{1}{2}+\frac{1}{2^2}+\frac{1}{2^3}+\frac{1}{2^4}+\cdots$$

$$\frac{1}{2}=\frac{1}{3}+\frac{1}{3^2}+\frac{1}{3^3}+\frac{1}{3^4}+\cdots$$

$$\frac{1}{3}=\frac{1}{4}+\frac{1}{4^2}+\frac{1}{4^3}+\frac{1}{4^4}+\cdots$$

$$\frac{1}{4}=\frac{1}{5}+\frac{1}{5^2}+\frac{1}{5^3}+\frac{1}{5^4}+\cdots$$

$$\frac{1}{5}=\frac{1}{6}+\frac{1}{6^2}+\frac{1}{6^3}+\frac{1}{6^4}+\cdots$$

$$\vdots$$

$$\frac{1}{9}=\frac{1}{10}+\frac{1}{10^2}+\frac{1}{10^3}+\frac{1}{10^4}+\cdots$$

무한의 세계가 너무 아름답고 질서정연하지 않나? '만물은 수(數)다' 라고 주장했던 피타고라스의 논지가 설득력 있게 들리는 이유가 바로 여기에 있는 거다.

다음은 수학적인 그림을 그려서 수학자들이 좋아하는 네덜란드의 판화가인 에셔의 그림이다. 가오리 같은 물고기들이 무한히 수렴하면서 사라지는 과정을, 또 반대로 생각하면 작은 알에서 태어나서 큰 물고기로 성장하는 과정을 테셀레이션과 프랙탈 패턴으로 보여 주는 작품이다.

에셔의 작품 '생명의 경로', 1958년

무한은 결코 우리와 멀리 있는 세계가 아니다. 이렇게 우리들 가까이에서 아름다움과 경이로움의 선물을 가져다주고 있는 수학이라면, 여러분들도 멀리 도망만 갈 것이 아니라 직접 부딪히며 도전해 보고 싶지 않은가? 이제부터 이어질 마지막 장까지 책을 읽고 나서, 우리 주변을 둘러싸고 있는 수학적 원리들을 이해하려는 여러분의 노력을 기대한다.

1 변덕쟁이 내각, 일편단심 외각
– 내각과 외각

2장에서 우리는 다각형에 볼록 다각형과 오목 다각형이 있다는 것을 알았다. 여기서는 다각형의 내각(안각)을 계산해 보자. 이때도 기준은 삼각형이다. 가령 다음과 같이 오각형이 있을 때는 임의의 꼭짓점에서 대각선을 긋는다. 한 꼭짓점에서 대각선을 2개 그을 수 있고, 삼각형은 3개가 만들어진다. 삼각형의 내각의 합이 180°니까 오각형 내각의 합은 180°×3=540°다. 이런 식으로 육각형, 칠각형 등의 내각의 합을 구할 수 있다.

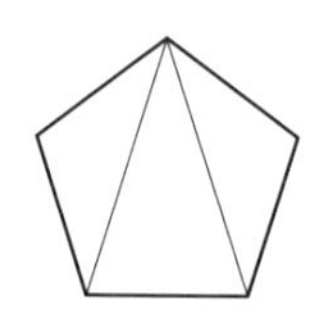
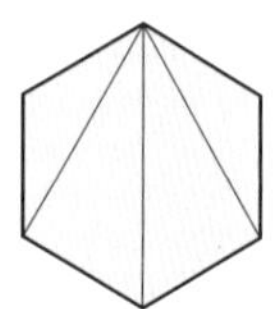
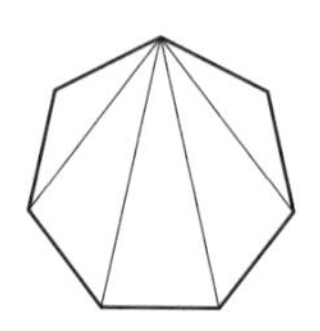

오각형은 3개의 삼각형, 육각형은 4개의 삼각형, 칠각형은 5개의 삼각형으로 분할된다.

수학은 학문 가운데 가장 엄밀한 과목이라고 이미 이야기 했지? 그러니 그냥 오각형과 정오각형을 반드시 구분해야 한다. 보통 삼각형에서는 내각이 다 다르지만 정삼각형이면 내각이 모두 60°이듯 오각형에서는 한 내각의 크기를 구할 수 없지만, 정오각형에서는 내각이 모두 똑같기 때문에 계산할 수가 있다. 즉, 정오각형의 한 내각은 540°를 5로 나

는 108°다. 그렇다면 정육각형의 내각의 합과 한 내각의 크기를 구해 볼까? 먼저 육각형이면 꼭짓점에서 대각선을 몇 개 그을 수 있지? "선생님! 육각형은 한 꼭짓점에서 대각선을 3개 그을 수 있어요!" 맞았어요! 그러니까 삼각형은 몇 개가 만들어졌나요? "4개인데요?" 그렇다면 칠각형일 때는? 누구 아는 사람? "선생님! 칠각형은 한 꼭짓점에서 대각선을 4개 그을 수 있고, 삼각형 5개로 나눠어요." 그래요, 잘했어요.

앞서 했던 얘기들을 다음과 같이 표를 만들어 보면 한 가지 사실을 발견할 수 있다.

다각형	한 꼭짓점에서 그을 수 있는 대각선의 수	대각선으로 나뉘는 삼각형의 수
4각형	1	2
5각형	2	3
6각형	3	4
7각형	4	5
8각형	5	6
…	…	…
n각형	$n-3$	$n-2$

대각선의 수가 오각형일 때는 2개, 육각형은 3개, 칠각

형은 4개다. 그러므로 대각선의 수는 다각형의 변의 개수에서 3을 뺀 값이라는 것을 알 수 있다. 게다가 삼각형의 개수는 대각선의 수보다 1이 많다는 것도 알 수 있다. 이처럼 차근차근 실제로 해 보면서 수학적 규칙을 발견하는 것을 추론이라고 한다.

그러면 이제 정다각형의 내각을 계산해 보자. 정육각형의 한 내각을 구하려면 대각선으로 나뉘는 삼각형의 수를 알아야 한다. 즉, 6－2＝4이므로 삼각형은 4개 만들어지고, 내각의 합은 180°×4＝720°이므로 720°÷6＝120°가 한 내각의 크기다. 좀 더 복잡한 정십각형으로 해 본다면? 맞다. 10－2＝8이므로 180°×8＝1440°, 따라서 1440°÷10＝144°가 한 내각의 크기다.

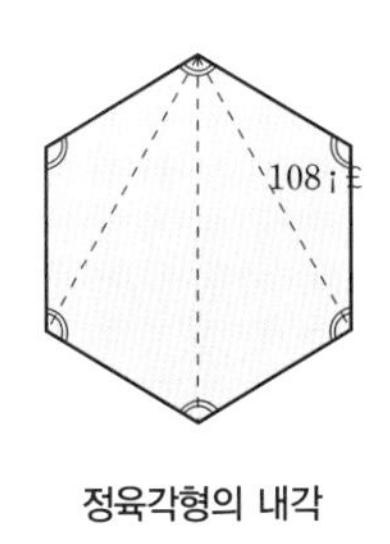

정육각형의 내각

재미있는 사실은 다각형의 한 꼭짓점에서 내각과 외각의

크기의 합은 180°로 일정하다는 것이다. 그림과 같이 직선 위에서 내각의 바깥 부분이 외각이기 때문이다. 그림처럼 정삼각형이 있을 때 내각의 합은 180°인데 외각의 합은 얼마일까? 내각과 외각의 총합이 $180^\circ \times 3 = 540^\circ$인데 내각의 합이 180°이므로 외각의 합은 $540^\circ - 180^\circ = 360^\circ$다.

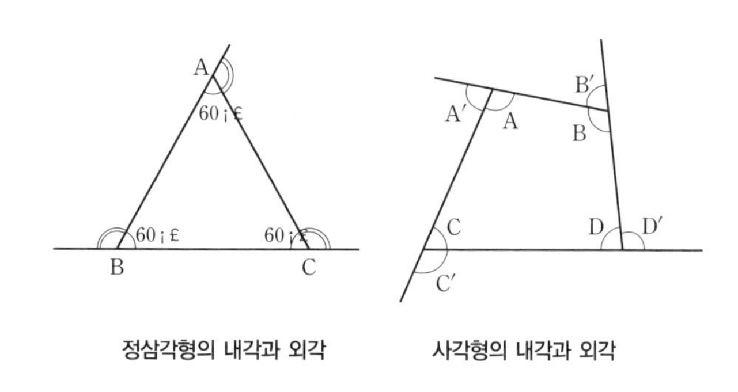

정삼각형의 내각과 외각　　사각형의 내각과 외각

다음은 임의의 사각형에 대해 외각을 구해 볼까? 그림처럼 사각형의 내각을 ∠A, ∠B, ∠C, ∠D라 하고, 그 외각을 ∠A′, ∠B′, ∠C′, ∠D′라고 하자. 그러면 각 꼭짓점에서 내각과 외각의 합이 180°이므로 내각과 외각의 합이 모두 720°가 된다. 그런데 사각형 내각의 합이 360°이므로 외각의 합도 360°다. "어라! 그러고 보니 아까 삼각형에서도 외각의 합이 360°였는데……." 맞습니다. 오각형도 지금과 같은 방법으로 해 보면 역시 외각의 합이 360°랍니다.

Tip

다각형의 외각 크기의 합은 변의 수에 관계없이 항상 360°다.

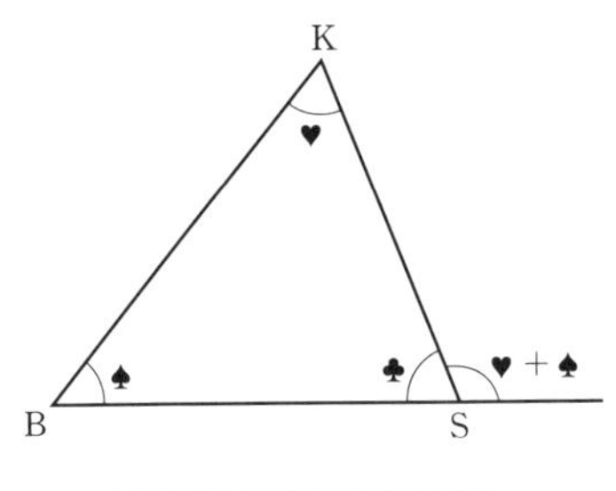

삼각형의 외각과 내각의 관계

이번에는 삼각형에서 하나의 외각과 이웃하지 않는 두 내각의 관계를 알아볼까? 위 그림처럼 삼각형 KBS가 있다고 하자. 삼각형의 내각을 ♥, ♠, ♣로 표시하면 ♥ + ♠ + ♣ = 180°다. 이제 ♣를 주목하자. ♣ + '♣ 외각' = 180°므로 '♣ 외각'은 180°에서 ♣를 뺀 값이다. 결국 '♣ 외각' = ♥ + ♠이다.

Tip

삼각형의 한 외각의 크기는 그것과 이웃하지 않는 두 내각 크기의 합과 같다.

2 화이트데이에는 사탕 대신 파이를! - 부채꼴의 측정

인류는 고대 이집트부터 원주율에 관심이 있었음을 앞에서 이야기했다. 언제부터인가 우리나라에서는 이공계의 명문 대학인 모 대학에서, 3월 14일을 파이데이라고 명명하여 오랜 전통의 간식 초코파이를 먹기도 하고, 원주율의 소수점 아래 숫자들을 암기하는 대회를 여는 등 다채로운 행사를 펼치고 있다. 무리수인 원주율에 대한 인간의 집착은 아주 유별나다고 할 수 있다. 19세기 영국의 생크스는 기계도 없이 손으로, 즉 필산으로 원주율을 소수점 아래 707자리까지 구했는데 나중에 오차가 발견되었다고 한다. 그 뒤 컴퓨터의 발명으로 원주율은 기계의 성능을 테스트하는 재료가 되었는데, 미국에서 2,035번 실험하자 프랑스에서는 50만 번을 실험하면서 경쟁했고, 1997년에는 515억 행까지 계산되었다.

지름의 비(比)인 원주율이 현대인에게도 중요한 관심거리인 이유는 무엇일까? 원주율은 컴퓨터의 성능을 시험해 보는 데도 사용되고, 통신 장치나 전기 회로 등 원의 회전 운동과 관련된 기능을 테스트하는 데도 사용된다. "선생님! 원주율은 왜 π라고 표기하나요?" 그것은 18세기 초에 영국의 수학자 존스가 처음으로 사용한 기호지. 원둘레가 영어로는 periphery이고 그리스어로 쓰면 $\pi\varepsilon\rho\iota\phi\varepsilon\rho\varepsilon\iota\alpha$거든! 그래서 편리하게 첫 글자를 따다 쓴 거지. "아하! 그렇구나~."

우리는 보통 원주율을 무리수 3.14159…로, 즉 무한소수로 인식하는데, 17세기 독일의 유명한 수학자 라이프니츠는 다음과 같이 아름다운 무한분수로 원주율을 표시하기도 했다.

$$\frac{\pi}{4}=\frac{1}{1}-\frac{1}{3}+\frac{1}{5}-\frac{1}{7}+\frac{1}{9}-\frac{1}{11}+\frac{1}{13}-\cdots$$

"선생님! 왜 분수가 소수보다 아름답다고 하세요?" 애들아, 이 식이 어찌 아름답지 않단 말이냐? 분모는 질서 정연하게 {1, 3, 5, 7, 9, 11, 13, …}의 홀수로 2씩 증가하는 등차수열이고, 분자는 모두 1이라는 통일된 모습을 보이는 데다가, 각 항의 부호는 ＋와 －의 부호가 어김없이 차례차례 교대로 무한히 나타나는 식! 라이프니츠는 어떻게 이 아름다운 식을 발견할 수 있었을까? 수학에는 진정 이런 아름다움이 있기에 일찍이 그리스의 피타고라스는 '만물은 수(數)다' 라고 부르짖었고, 우리는 이 명제에 수긍할 수밖에 없다.

Tip

수열이란?

일정한 규칙에 따라 수가 나열되는 것을 의미하는데, 등차수열이란 일정한 수가 더해지면서 각 항의 차가 일정한 수열을 가리킨다. 예를 들어 {2, 5, 8, 11, …}의 수열이 있다고 하자. 2를 처음 항으로 하여 일정한 수 3이 더해진 등차수열이다. 이때 2를 초항이라 부르고, 동일하게 더하는 수 3을 공통된 차, 공차(公差)라 부른다. 물론 공차는 음수도 가능하다.

"선생님! 왜 π가 아니라 $\frac{\pi}{4}$로 썼나요?" 위 식을 π로 고치려고 양변에 4를 곱해 버리면 아름다운 모습이 그만 감소되고 말거든!

$$\pi=4\left(\frac{1}{1}-\frac{1}{3}+\frac{1}{5}-\frac{1}{7}+\frac{1}{9}-\frac{1}{11}+\frac{1}{13}-\cdots\right)$$
$$=4-\frac{4}{3}+\frac{4}{5}-\frac{4}{7}+\frac{4}{9}-\frac{4}{11}+\frac{4}{13}-\cdots$$

$\frac{\pi}{4}$ 그대로가 아름다운 것이지! 사람들이 옷을 입을 때도 액세서리 하나를 어떻게 코디하느냐에 따라 옷의 분위기가 확 달라지듯이……. $\frac{\pi}{4}$를 π로 고치니까 분위기 확 깨진 거 느끼겠지?

그럼 이제 π를 이용해 부채꼴의 중심각과 넓이를 측정해 보자. 반지름이 14cm인 원을 8조각으로 나누었을 때, 나뉜 부채꼴의 중심각과 넓이는 각각 얼마일까? $360° \div 8 = 45°$이므로 부채꼴의 중심각은 45°이고, 넓이는 $S = \pi r^2$에 따라 $14^2\pi \div 8$이므로 $49\pi cm^2$다. 부채꼴의 넓이를 계산하는 것이 우리네 생활과 무슨 관계가 있냐고? 하지만 맛있는 피자를 가지고 이야기해 보면 그 의미가 확실하게 와 닿는다. 가령 반지름이 14cm이고 가격이 10,000원인 피자를 8조각으로 나누었을 때, 한 조각의 가격을 얼마로 하는 것이 적당할까? 조각피자를 사 먹는 것이 청소년들에게 떡볶이만큼 유행인 요즘, 만 원짜리 피자 한 판을 8조각으로 자르면 한 조각에 10,000원÷8=1,250원이다. 하지만 1,250원짜리 조각피자를 8번 파는 것과 10,000원짜리를 한 번에 파는 일은 마케팅에서 확실한 차이가 있다.

요즘엔 '만 원에 작은 피자 두 판과 콜라'까지 배달해 주겠노라는 광고지가 많다. 하지만 만 원이란 액수도 청소년에겐 작은 돈이 아니고, 혼자서 두 판이나 먹기엔 부담스러울 때가 많다. 게다가 피자란 따끈따끈할 때 먹어야 제 맛이다. 이렇듯 가격과 양에서 부담을 느끼는 길거리 손님을 유혹하기에는 '피자 한 조각에 1,000원'이 안성맞춤이다. 5,000원÷8=625원인데 1,000원을 받으니까, 차액 375원이 별것 아닌 것 같아도 정가보다 60%를 더 받는 셈이다. 단돈 1,000원으로 간단하게 요기하려는 청소년 고객의 입맛을 아주 잘 파악한 마케팅 전략이다. 필자 역시 딸아이의 성화로 길거리 피자를 사 먹어 보았기에 하는 이야기다. 이런 마케팅 전략! 수학적 마인드가 없고서야 어찌 가능하겠는가 말이다……. 아뿔싸! 2008년 무자년에 돌입하고 보니 물가가 일제히 오르기 시작하여 1,000원짜리 조각피자가 1,300원이 되었다고 필자의 딸은 투덜투덜!

"그러고 보니 선생님! 부채꼴과 피자는 아주 밀접한 관계가 있네요. 아마 우리 후손은 부채꼴이란 용어를 '피자꼴'로 바꾸려 하지 않을까요?" 좋은 이야기다. 학문의 용어 역시 당시의 생활과 밀접한 관련이 있다는 것을 인지했다는 증거니까. '부채' 하면 또 생각나는 게 있다. 우리나라의 부채춤도 유명하지만 중국이나 일본에서도 부채는 춤에서 중요한 도구였다. 그런데 부채 하나만 보더라도 독특한 민족성이 보인다. 일본 춤에서는 기모노를 입은 여성들이 종종걸음과 함께 부채도 아주 작은 걸 가지고 애교스럽게 추지만, 한국의 부채춤은 매우 화려하고 커다란 부채가 시원스럽게 펼쳐지면서 역동적인 춤사위를 연출한다. 기마민족이던 한민족의 기상 아니겠는가? 한데 부채는 동양에서만 사용된 장신구가 아니다. 유럽의 18세기는 로코코 시대라고 부르는데, 아주 화려하고 장식이 아름답다 못해 사치스럽기까지 한 시기였다. 오스트리아의 음악가 모차르트4가 살던 시대고, 프랑스의 태양왕 루이 14세가 살던 시대를 떠올리면 된다.

18세기 로코코 시대에, 유럽에서는 귀족들의 무도회가 자주 열렸는데 화려한 옷차림을 한 귀족들의 의상은 '럭셔리' 자체였다. 영화나 애니메이션에 자주 나오는 마리 앙투아네트를 떠올리면 된다. 남자 귀족들은 모자와 지팡이가 중요한 장신구였으며, 여자 귀족들에겐 부채가 필수였다. 여자들은 페티코트가 받쳐진 드레스를 입으면서 가느다란 허리를 강조하기 위해 코르셋으로 몸통을 꽉 조였기 때문에, 숨쉬기가 거북해 답답한 가슴과 얼굴의 열을 부채로 식혀야 했다는 것이다. 재미있는 것은 남녀 간의 의사소통에 부채가 꽤 중요한 역할을 했다는 것이다. 남자를 바라보며 접은 부채를 오른손으로 들고 오른쪽 눈 밑에 대면 '언제 우리 만날까요?' 라는 뜻이고, 활짝 편 부채를 오른손으로 들고 턱 아래쪽으로 천천히 내리면 '당신을 사랑합니다' 가 되고, 활짝 편 부채를 왼손으로 얼굴을 들고 가리면 '당신을 좀 더 알고 싶어요' 라는 뜻이었다 한다. "선생님! 휴대전화 없던 시절에도 다 나름으로 방법이 있었네요……." 맞아요. 재미있는 사랑의 언어였지요?

언제 우리 만날까요?

당신을 좀 더 알고 싶어요

당신을 사랑합니다

3 채우느냐 마느냐, 그것이 문제로다
– 체적과 용적의 차이

3차원 도형인 입체의 부피와 겉넓이를 구하는 일은 고대 문명의 발상지인 이집트에서 이미 해 온 일이었다고 앞에서 이야기했다. 이유는 추수한 곡식을 저장할 창고를 짓기 위해서, 또한 거대한 왕궁과 신전을 건축하기 위해서였다. 그렇다면 기둥의 부피를 구하려면? "선생님! 기둥의 부피는 밑넓이×높이입니다." 맞았다. 그러면 넓이의 단위와 부피의 단위는 왜 차이가 날까? "글쎄요……. 잘 모르겠는데요……." 아주 기초적인 것부터 생각해 보자. 예를 들어 길이가 cm인 직사각형의 경우, 넓이는 '가로(cm)×세로(cm)'니까 cm가 두 번 곱해졌거든. 그러니까 cm^2로 쓰지. 직사각기둥인 경우는 '밑넓이×높이=가로(cm)×세로(cm)×높이(cm)' 니까 cm가 세 번 곱해졌거든. 그러니까 cm^3로 쓴단다.

"선생님! 그러면 한 가지 이상한 게 있어요! 우리 집 냉장고는 분명히 직사각기둥 모양인데 냉장고 위쪽에 붙은 라벨에는 용량이 $620cm^3$가 아니고 $620l$라고 적혀 있던데요?" 좋은 질문이다. 체적의 부피를 구하는 단위 문제에서 $1cm^3=1cc$이기 때문에 $1,000cm^3=1,000cc=1l$가 되지. 그래서 냉장고 용량의 단위는 보통 l로 표시하는데, 이는 cm^3와 마찬가지로 부피의 단위란다. 그런데 한 가지 알아야 할 것은 '체적과 용적' 이란 용어에 약간의 차이가 있다는 점이다. "어떤 차이인데요?" 음…… 같은 모양의 3차원 도형 입체에서, 체적이란 가운데가 꽉 찬 것을 말하고, 용적이란 가운데가 빈 것을 말한단다. 그러니까 냉장고의 경우, 체적이라고 말하지 않고 용량 또는 용적이라고 하는 거야.

다음의 그림을 보고 "정육면체의 체적은 얼마인가?"와 "정육면체의 용적은 얼마인가?"를 구별할 수 있겠지? 구형에서도 마찬가지야. 쇠구슬은 속이 꽉 차 있으므로 구의

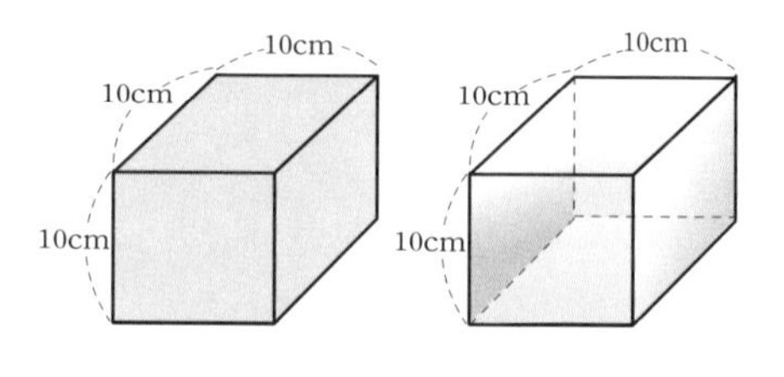

체적과 용적의 차이

체적을 구하는 것이고, 탁구공이나 농구공은 용적을 구하는 것이지. 그러므로 체적을 구할 때는 무게의 단위인 g, kg, t(톤) 등을 사용하고, 용적일 때는 부피의 단위로 cm^3, m^3, l, dl 등을 사용한단다.

Tip

1g=1cc, 1kg=1ℓ, 1ℓ=10dℓ, 1,000kg=1t이 성립하는데 이때의 기준은 물이란 걸 알겠지? 사골국물 1,000cc와 물 1,000cc의 무게가 같지 않다는 사실은 당연하니까.

그러면 3차원 도형인 입체에는 어떤 종류가 있을까? 맞다. 각기둥, 원기둥, 각뿔대, 원뿔대…… 등이다. "선생님! 각뿔, 원뿔도 있어요." 그렇다. 기둥일 때는 체적을 구하는 공식이 '밑넓이 × 높이' 인데, 각뿔은 왜 '밑넓이 × 높이

$\times \frac{1}{3}$' 일까? 용적으로 한번 생각해 보자. 가령 원뿔 유리잔과 원기둥 유리잔이 있다고 하자. 조건은 원의 지름과 높이가 같아야 한다. 원뿔 잔으로 물을 가득 채워서 원기둥 잔에 옮겨 실험하면 그 의미가 확실해진다. 즉, 원뿔 잔으로 가득 세 번을 부어야 원기둥 잔에 차는 것이다. 마찬가지 방법으로 사각뿔도 실험을 해 보면 사각뿔의 체적은 사각

기둥 체적의 $\frac{1}{3}$인 것을 알 수 있다. 근사한 레스토랑에서 주스를 주문하면 주스 잔의 모양이 대개 어떤 모양이었지? "아하! 그러니까 원기둥 유리잔보다 원뿔 유리잔을 사용하는 이유는, 용량이 $\frac{1}{3}$인 원뿔 잔을 사용하는 게 양으로 볼 때 장사에 이득이기 때문이구나!" 날씬한 원뿔 모양 유리잔을 사용하면 원가도 줄이면서 멋스러움을 추구하는 여성 고객들 취향도 만족시킬 수 있으니 일석이조이거든!

"선생님! 원뿔 모양 아이스크림은 왜 콘이라고 불러요? 수학과 관련이 있나요?" 좋은 질문이다. 우리가 일상생활에서 하도 자연스럽게 사용하는 단어라 무심코 지나치기 쉽지만 수학의 도형과 관련이 있는 용어지. 원뿔이 영어로 cone이거든. 옥수수(corn)가 아니니까 헷갈리지 말고. 물론 양을 많게 보이려는 의도도 있지만, 원기둥 모양의 용기에 아이스크림을 담으면 스푼을 사용해야 하니까 스푼 없이 편리하게 손으로 들고 먹으려면 원뿔 모양이 편리하지. 그리고 그릇째 다 먹어 치우려면 용기를 과자로 만들어야 좋겠지……. 그래서 나온 게 여러분이 좋아하는 아이스크림콘이야. "그래서 저는 배스킨 아이스크림을 먹을 때면

늘 많아 보이는 콘으로 주문해요!" 그렇다. 같은 용량이라도 시각에 따라 많게도 느껴지고 적게도 느껴지는 게 사람 마음이거든. 마케팅에서는 이렇게 고객들 심리를 파악하면서 전략을 세운단다.

4 비눗방울로 수학하기
- 구의 겉넓이와 부피

어린아이들이 좋아하는 비눗방울은 왜 동그란 구의 모양으로 공중에 퍼질까? 여기에는 '최소 면적의 원리' 라는 오묘한 수학적 원리가 작용한다. 평면에서 둘레가 가장 짧으면서 면적은 가장 넓은 도형이 원이란 것을 앞에서 이야기했다. 평면에서 한 차원 높인 3차원 공간에서도 이 원리가 작용한다. 다시 말해, 가장 작은 겉넓이를 가지면서 가장 큰 3차원 도형을 만들면 구가 된다. 그러므로 비눗방울은 일정한 부피를 둘러싼 곡면 중에서 넓이가 가장 작은 성질을 가지는데, 이는 공기 덩어리를 둘러싼 막에서 내부의 공기 압력과 표면 장력이 평형을 이룰 때다. 평형의 균형이 깨어지면 영롱한 비눗방울은 터져서 금세 사라진다. 여기

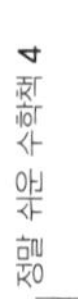

서 잠시 바디 클렌저를 사용해서 샤워하는 자기 모습을 떠올려 볼까?

바디 클렌저로 샤워할 때 비눗방울이 여러 개 합쳐진 비누거품을 일으키면, 비눗방울들이 서로 만나는 각도는 얼마일까? 원, 세상에! 수학자들은 샤워하면서도 수학을 생각하나? 비눗방울이 만나는 각도까지 생각하다니……. 물론이다. 비눗방울이 만나는 각도가 120°라는 사실을 수학자들은 증명했다. 게다가 120°는 비눗방울뿐만 아니라 현

무암 기둥에서도, 잠자리 날개에서도 발견되는 각도라는 놀라운 자연의 신비를 생물학자들과 합세하여 수학자들은 입증해 냈다. 꼬불꼬불한 작은 철사로 만들어진 동그란 고리를 비눗물에 담근 뒤 훅! 하고 불면 비눗방울이 만들어지는 철사 고리 위의 비누 막은, 비눗방울과 함께 수많은 학자에게 매력을 주었다. 비누 막과 비눗방울의 매력에 이끌려 수십 년 동안 고민하던 문제를 1930년에 더글러스와 라도가 수학적으로 '최소 면적의 원리'로 증명했고, 그 공로로 더글러스는 제1회 필즈메달의 수상자가 되었다.

다음 질문에 가장 적합한 답을 생각해 볼까?

질문 우유를 마실 때 가장 맛있게 마시는 방법은?
① 쭉 들이켠다.
② 조금씩 천천히 마신다.
③ 한 모금씩 씹어 가며 삼킨다.

아침에 학교 갈 준비로 바쁜 여러분은 대개 단숨에 마실 것이다. 그러나 정답은 ③번이다. 우유에는 눈에 보이지 않는 작은 지방 입자들이 있는데, 우유를 씹으면 지방 입자가 터져서 더 고소한 맛을 느끼기 때문이다. 단숨에 들이켜는

건 위에 부담을 주므로 의사들은 한사코 말리건만 현대인의 바쁜 생활 때문인 것을…….

씹는 것이 소화에도 좋다는 것을 수학으로 증명해 보자. 반지름이 r인 지방 입자의 겉넓이는 $4\pi r^2$이고, 부피는 $\frac{4}{3}\pi r^3$이다. 이를 x, y, z축으로 세 번 2등분하여 8조각으로 나눠 보면, 부피는 그대로지만 겉넓이는 $8\times 4\pi\left(\frac{r}{2}\right)^2=8\pi r^2$이므로 2배 넓어진다. 그러니 소화 흡수가 잘되는 것이다.

구의 겉넓이와 체적 공식을 잊어버린 친구들이 있다고? 잊어버린 게 무슨 죄냐? 다시 암기하면 되는 것을……. 구의 겉넓이는 원의 넓이의 4배로 $S=4\pi r^2$이고, 구의 체적은 $\frac{4}{3}\pi r^3$이다. "선생님! 원과 구, 원기둥 사이에 무슨 연관이 있기는 있는 것 같은데요?" 좋은 발상이다. 다음 그림은 아르키메데스의 묘비에 새겨진 그림이기도 한데……. 예를 들어 지름이 12cm인 구와 지름이 12cm이고 원기둥의 높이가 12cm인 두 도형을 생각해 보자. (물론 막혀 있는 구는 실험에 곤란하다. 구가 반쪽으로 열렸다 닫혔다 할 수 있는 플라스틱 모형 구라고 하자.)

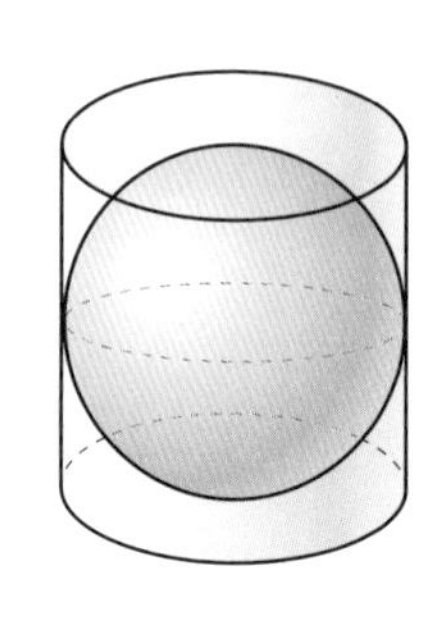

"선생님! 원기둥 속에 구가 꽉 끼겠는데요?" 맞다. 여기서 모래나 좁쌀, 맛소금 등으로 실험을 해 보면 재미있는 사실을 발견할 수 있다. 구가 들어 있는 원기둥 속에 모래를 넣으면 사이사이에 모래가 들어가겠지? 다 채운 뒤 다시 원기둥에서 꺼내 놓는다. 똑같은 방법으로 다시 모래를 채운 뒤에 꺼낸다. 두 번을 해서 모아 놓은 모래를 가지고 이번에는 구를 원기둥에서 꺼내 구 안에 모래를 넣어 보면……. 어라! 구를 꽉 채우는 것이 아닌가? 즉, 원기둥과 구 사이에 있던 모래의 2배가 구의 부피인 것을 알게 된다.

처음처럼 다시 구를 원기둥 속에 넣고 모래를 빈틈에 넣었다가 다시 꺼낸다. 구 안에 들어 있던 모래를 꺼내고, 이 모래를 합해 모두 원기둥 속에 넣으면 어찌 될까? 원기둥이 꽉 찬다. 이로써 우리는 다음의 사실을 알 수 있다. 지름이 같은 구와 원기둥이 있을 때 원기둥의 높이도 지름과 같은 길이이면, 원기둥의 부피는 구의 부피의 $\frac{2}{3}$임을.

이제는 이 도형을 가지고 공식을 이용하여 구와 원기둥

의 부피를 구해 보자.

구의 부피는 $\frac{4}{3}\pi r^3 = \frac{4}{3} \times 6^3\pi = 288\pi$이고, 원기둥의 부피는 밑넓이 × 높이 $= 6^2\pi \times 12 = 432\pi$이다. 따라서 $432\pi \times \frac{2}{3} = 288\pi$이므로 구의 부피는 원기둥 부피의 $\frac{2}{3}$임을 확인할 수 있다.

자, 이제는 구의 겉넓이를 알 때 체적을 구해 볼까? "아! 그건 쉬워요. 겉넓이에서 반지름을 구해 체적을 구하면 돼요." 맞다. 함께 해 보자.

예를 들어 '겉넓이가 144πcm^{2}인 구의 부피를 구하라'는 문제를 풀려면? 먼저 겉넓이의 공식에 따라 $4\pi r^2 = 144\pi$이므로 양변의 π를 소거하고 4를 약분하면 $r^2 = 36$이다. 고로 $r = \pm 6$이지만 r는 반지름을 의미하므로 −는 버린다. 이것을 부피의 공식에 대입하면 $\frac{4}{3}\pi r^3 = \frac{4}{3}\pi \times 6^3 = 288\pi$, 즉 정답은 288πcm^{3}다

5 생활 속 과학, 신나는 기하학 – 도형의 응용

인류는 열매를 채취하고 동물을 수렵하면서 살던 구석기 시대부터 언어의 필요성을 느꼈을 것이다. 동물이 떼 지어 있는 장소, 물고기나 조개들이 쉽게 잡히는 강, 열매가 주렁주렁 달린 숲 속의 장소들을 발견하면 동료들에게 알리고 싶었을 것이다. 그러려면 우선 언어가 정착되기 전, 동굴 벽에 간단한 지도를 그렸을 것이다. 현존하는 구석기의 동굴에서 동물들의 그림이 발견되었고, 사람의 몸과 동물, 식물 등의 모습으로 묘사한 고대 이집트의 상형문자가 그 증거다. 인간이 생존하기 위해 만든 의사 표현 수단이자 언어의 일종으로는 지도를 들 수 있다. 지도는 사람의 모습을 축소한 인형처럼 실물의 축도이기도 하다. 역사학자들은 신석기 시대로 접어들어 인류가 농사법을 터득하면서 부를 축적하기 시작했다고 한다. 농사의 풍요로 재산을 축적하기 시작한 남자들은 권력자가 되어 갔고, 여자들은 힘 있는 남자들에게 종속되면서 정착 생활이 시작되었다.

인류가 정착 생활을 하면서 비로소 남자와 여자의 역할이 가정에서 구별되기 시작한다. 여자에게는 아기를 낳은 후 자녀 양육이란 책임이 주어졌다. 이때부터 인간은 아이들의 장난감으로 인형을 만들어 주었을 것이다. 인형 역시

지도와 마찬가지로 실물의 축소다. 이렇게 볼 때 확대와 축소를 생각하는 도형의 문제는 인류의 역사와 함께 태동한 개념으로 이해하게 된다. 이집트의 거대한 피라미드 역시 모형을 만들어서 실험을 한 뒤 지었다고 하는데, 이때의 모형 역시 축소 개념이다. 피라미드의 해부도를 통해 우리는 각도가 약 51°라는 것을 알아낼 수 있다. 어릴 때 좋아하는 모래성 쌓기 놀이에서도 이러한 수학적 원리가 발견된다. 우리네 조상님들 무덤을 만들듯이 땅 위에 모래를 쌓으면 희한하게도 피라미드에서 발견된 각도 51°가 나타나는 것이다.

닮은 도형에서는 길이의 비가 2 : 1일 때 면적의 비는 $2^2 : 1^2$이 되고, 부피의 비는 $2^3 : 1^3$이 된다. 복사기의 확대와 축소도 닮음의 개념을 응용하는 분야다. 여기서 좀 더 세련되게 닮음의 응용을 생각해 보자.

도형을 변환하는 일에는 어떤 것들이 있을까? 다음처럼 작은 생선 그림이 있다고 하자. 다음과 같이 처음의 생선을 가로축으로 늘리면 꽁치가 되고, 세로축으로 잡아당기면 통통한 도미나 복어처럼 만들 수 있다. 이런 사고방식은 식물학이나 동물학 분류에도 사용되며, 요즘은 컴퓨터의 글씨에서 '문자 변환'에 활용되는 개념이다.

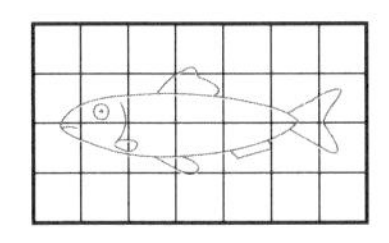

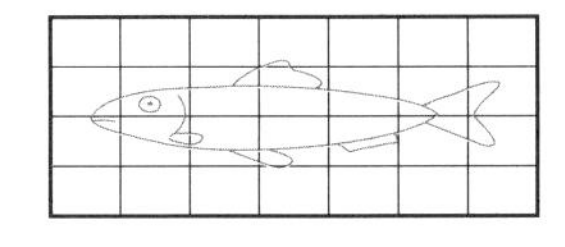

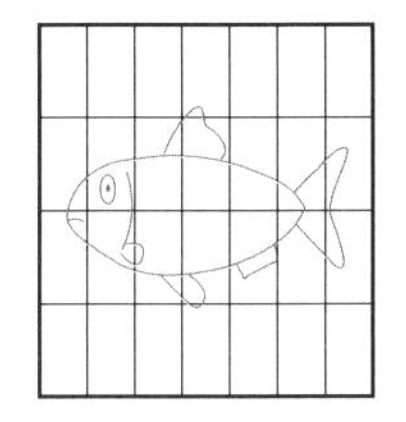

도형의 세계에서는 아주 재미나고 희한한 일들이 벌어진다. 예를 들어 뚱보 아저씨를 A4 용지 한 장으로 통과시키는 방법을 생각해 보자. 이 문제는 2차원 평면으로 3차원 입체를 품는 수학의 문제를 생각하게 한다. 상식적으로는 수학에서 2차원이 3차원에 품기는 법이지만 고정관념에서 벗어나 기발한 기지를 발휘하면 재미있는 놀이를 할 수 있다. 비법은 다음 그림과 같이 종이를 자르는 것이다.

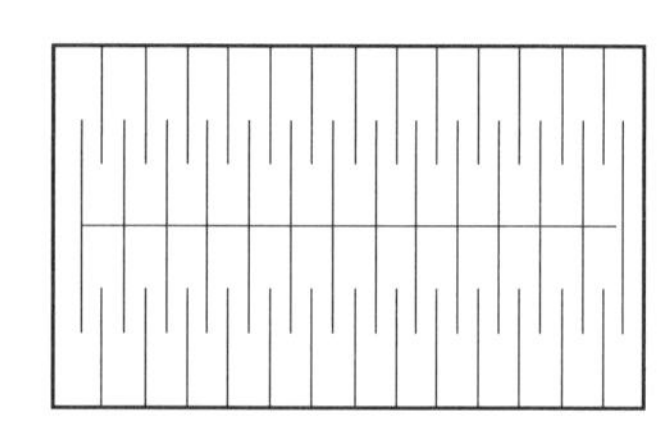

종이를 칼질하여 펼치면 뚱보 아저씨를 너끈히 통과시킬 수가 있다. 그 원리는 네모난 평면을 가늘게 칼질하여 가느다란 끈처럼 만드는 것이다. 즉, 2차원 평면을 1차원 곡선으로 변환하는 논리다. 물론 이때 만들어지는 가느다란 종이끈이 수학적으로 1차원 곡선은 안 되지만 논리의 근거는 바로 이것이다.

다음 사진은 죄수들이 손목에 차는 모형 수갑이다.

쇠로 만들어진 것으로 필자가 2002년 미국 그랜드 캐년을 여행하면서 호텔의 선물 센터에서 산 것이다. 도저히 호텔에서 팔 것 같지 않은 물건이라 호기심에 산 뒤, 도형 강의를 할 때 종종 써먹는다. 일반적으로 호텔이란 비싼 명품만 판다고 인식하지만, 그들의 선물 코너에서 뜻밖의 저렴한 수학 소재를 만나게 된 것이다. 언뜻 보기에 수갑 속의 작은 쇠고랑은 결코 벗겨질 것 같지 않다. 하지만 분명 쇠

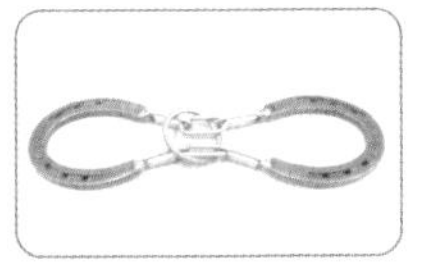
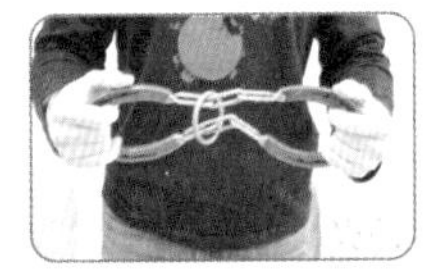
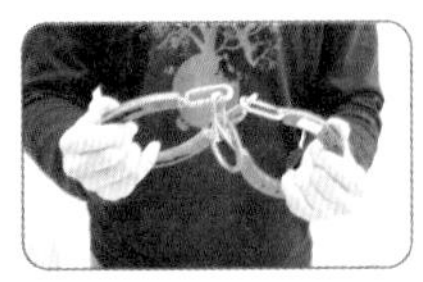

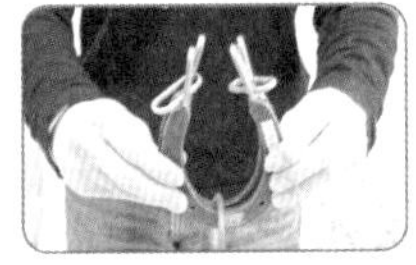
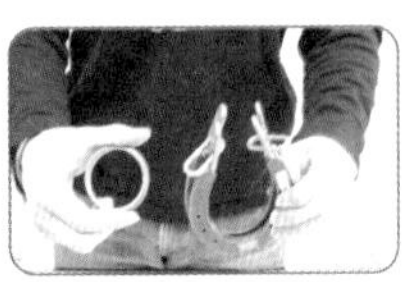

로 만든 것인데도 생각만 유연하게 굴리면 쇠고랑을 벗길 수 있다. 필자는 강의를 할 때 유클리드적인 도형으로 보면 절대 벗길 수 없는 쇠고랑이지만, 토폴로지(topology)적으로 사고하면 가능하다고 설명하면서 유클리드 기하학과 토폴로지의 차이점을 강조하는 데 이 수갑을 활용한다.

필자를 포함하여 모든 여성은 유클리드 기하의 치수에 매우 민감하게 반응을 하고 있다. 아침에 일어나면 혹시라도 몸무게가 줄어들었을까 기대하면서 체중계에 올라서기도 하고, 어린이와 청소년들은 한 달이 멀다 하고 키를 재 보고, 오빠들은 키높이 구두를, 언니들은 더 높은 하이힐을 신으려고 애를 쓴다. 이러한 노력은 우리네 일상적인 생활이 모두 유클리드 기하의 잣대로 이루어지기 때문이다. 55사이즈, 66사이즈라는 옷의 치수는 모두 유클리드적인 개념이다. 하지만 고대 그리스의 유클리드 기하학의 시각에서 한 걸음 벗어나 20세기의 기하학 토폴로지의 시각으로 세상을 바라보면 55사이즈와 66사이즈 옷은 합동이며, 77사이즈 역시 같은 것이다. 토폴로지(위상수학)의 세계에서는 금년 봄에 유행하는 바지의 길이나 스커트 길이의 예측은 웃기는 이야기가 되어 버리고 만다. 원과 삼각형이, 또 사각형, 오각형이 단일폐곡선이라는 이유로 모두 합동이기 때문이다.

이렇듯 도형의 세계는 고정된 것이 아니라 우리가 세상을 이해하는 시각과 연결되어 흥미진진하게 뻗어 나가고 있다. 이 책은 여러분에게 토폴로지의 세계를 보여 주지는 못했다. 그러나 모든 일에는 과정이 있는 법. 어떤가? 괜찮은 출발이 되었는가? 여러분이 이 책을 읽고 난 뒤 사물을 바라볼 때 도형적인 특징을 인식하면서 수학적 사고의 재미를 느낄 수 있기를 바랄 뿐이다.

읽다 보면 어느새 수학의 도사가 되는 정말 쉬운 수학책 4

펴낸날 초판 1쇄 2008년 4월 25일
초판 3쇄 2014년 10월 29일

지은이 계영희
그린이 오영
펴낸이 심만수
펴낸곳 (주)살림출판사
출판등록 1989년 11월 1일 제9-210호

주소 경기도 파주시 광인사길 30
전화 031-955-1350 팩스 031-624-1356
홈페이지 http://www.sallimbooks.com
이메일 book@sallimbooks.com

ISBN 978-89-522-0881-1 04410(4권)
978-89-522-0693-0 04410(세트)

※ 값은 뒤표지에 있습니다.
※ 잘못 만들어진 책은 구입하신 서점에서 바꾸어 드립니다.